U0166376

基于
Python
的数据分析丛书

强化学习入门
基于Python

吴喜之　张　敏　编著

中国人民大学出版社
· 北京 ·

前　言

本书是一本面向希望从头开始学习强化学习的数据科学类专业 (包括统计类专业) 的师生、实际工作者、机器学习开发人员和深度学习爱好者等广大读者的强化学习入门书籍. 人们或多或少接触过强化学习的内容. 强化学习是从早年的 AlphaGo 到最近的 ChatGPT 等各种人工智能产品的理论和技术基础.

强化学习 (reinforcement learning, RL) 是一种自我进化的机器学习类型, 它使我们更接近于实现真正的**人工智能** (artificial intelligence, AI). 强化学习是**机器学习** (machine learning) 的一个分支, 其中学习是通过与环境交互来进行的. 强化学习是面向目标的学习, 不教学习者采取什么行动, 相反, 学习者从其行为的结果中学习. 随着各种算法的迅速发展, 强化学习成为人工智能研究中最活跃的领域之一.

强化学习涉及**智能代理** (intelligent agents) (简称**代理** (agent)), 代理也称为**演员** (actor) 或参与者等. 代理可以是通过**传感器** (sensor) 感知其**环境** (environment) 并通过**执行器** (actuator) 对该环境采取**行动** (action) 的任何事物. 代理在感知、思考和行动的循环中运行和学习. 代理可以是:

- **人类代理** (human agent), 其传感器为眼睛、耳朵、鼻子和其他器官等等, 而手、腿、声道等可为执行器.
- **机器人代理** (robotic agent), 其传感器为摄像头、红外测距仪、雷达、定位系统、自然语言处理器等等, 而各种控制系统和元件等可为执行器.
- **软件代理** (software agent), 其传感器可能为击打键盘、传输的信息及数据的内容等等, 而信息的各种形式输出可为执行器.

强化学习旨在直接构建从交互中学习以实现目标的问题. 代理与环境交互作用, 环境可能包括代理之外的一切. 这些交互作用包括: 针对环境的某种状态代理选择的行动, 环境响应这些行动并向代理呈现新的状态, 环境也产生奖励, 代理试图随着时间的推移学会应该如何在环境中采取行动以使得累积奖励最大化. 学习者没有被教导采取什么行动, 而必须从其行为的后果中学习. 强化学习通过各种算法迅速发展. 强化学习是三种基本机器学习范式之一, 与监督学习 (supervised learning) 和无监督学习 (unsupervised learning) 并驾齐驱.

人们可以从目标、环境、方法等各种不同角度来分类介绍强化学习. 本书试图通过各种类型的实例来介绍强化学习的各个方面, 尽量避免因分类理念而造成的麻烦. 此外, 掌握一些线性代数、微积分、随机过程和 Python 编程语言的知识, 无疑有助于理解本书的内容及流程.

如何使用本书学习强化学习

人的认知过程是在反复实践和试错的过程中进行的. 比如: 儿童不是依靠父母的说教和唠叨学步的, 而是在不断的摔跤和碰壁后才学会的; 学会一门外语不是靠死背单词和记忆语法, 而是通过大量的交流, 多听、多读、多写才能学会说和写; 使用机器学习方法处理传统的统计问题, 要完全了解自己的目标和有关数据的结构, 经过大量的编程和数据分析实践, 才能逐渐入门.

在强化学习中, 则必须通过一个又一个的实例来学习. 对于每个实例, 要了解其目标, 要选择方法, 编程序解决问题, 其中可能会遇到各种困难和挫折, 这些困难可能是目标对象本身, 也可能是操作者对算法的不理解, 或者是编程出错, 当然也可能是操作者对有关理论背景不熟悉.

学习本书时, 笔者觉得最好首先看本书 1.1 节和 1.2 节的一些例子, 明白这些例子要做些什么, 不必完全明白其中使用的代码. 然后浏览 1.7 节的例子, 这些例子中的问题是后面要解决的, 因此需要先有些印象. 在此之后, 大致看看 1.3～1.6 节的知识性内容, 即使不能够马上理解这些内容, 也没有关系, 但要尽量掌握第 2 章关于马尔可夫决策过程的理论知识, 如果觉得理解起来困难, 可以结合第 3 章中的各种更加具体的强化学习方法及具体例子的编程, 还可以回顾第 2 章及第 1 章的有关内容. 这种在实践和理论 (方法) 之间反复相互促进的方式是学好强化学习的关键. **没有实例做背景的概念是没有生命力的, 没有实践支撑的算法是学不会的.**

本书最后 3 章包含了关于 Python、PyTorch 的内容及一些数学结论. 这些内容读者可根据需要来学习或参考.

人类的知识是一个整体, 任何领域 (无论大小) 都不可能单独存在. 现存的某些互相孤立的 "线性" 或 "序贯" 的教学体系是违背认识论、误人子弟的. 要想提升自己, 必须尽可能地吸收人类创造的一切知识来充实自己的头脑并开拓视野.

吴喜之

目 录

第一部分

强化学习基础与实践

第1章 引 言

1.1 从迷宫问题谈起

1.1.1 人类和动物所面对的迷宫问题

很多人都玩过迷宫, 多数是书刊上的迷宫, 也有用灌木或墙构成的实景迷宫. 通常是从一个地点出发, 经过一些路径到达终点. 图 1.1.1 中左侧是宋元时期陈敬所著《新纂香谱》一书中由后人加入的称为《大衍篆图》的迷宫图. 图 1.1.1 中右侧为圆明园中复原的乾隆年间仿照欧洲的迷宫兴建的万花阵.[1]

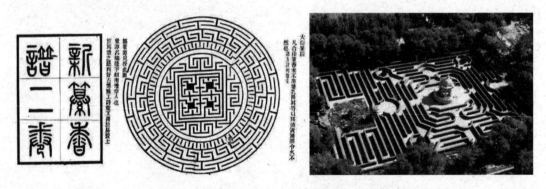

图 1.1.1　中国古书中的迷宫图 (左) 和圆明园中复原的实景迷宫 (右)

简单的纸上迷宫一看就知道怎么走, 对于复杂的迷宫 (或者是实景迷宫), 可能要走错多次才会发现最直接的通达路线. 这种人脑通过试错来得到规律的过程和强化学习没有本质上的区别. 动物对环境的认知也类似.

首先看一则 2022 年 1 月上旬在一些网站[2]出现的一则新闻, 该新闻报道称以色列本·古里安大学 (Ben-Gurion University of the Negev) 的科学家设计了一种金鱼驱动的称为 FOV (fish operated vehicle) 的车辆. 每当金鱼朝一个方向移动时, 该装置也会如此. 经过训练, 金鱼学会了开车. 有些金鱼是比其他金鱼更好的司机. 最初, 研究人员让这些金鱼在他们的小鱼缸中以随机方式蜿蜒而行, 并注意它们的行为对车辆运动的影响. 接下来, 他们为金鱼添加了目标——如果它们达到其中一个目标, 将立即获得食物奖励. 随着时间的推移, 研究人员发现这些金鱼开始明白它们的行为可能会以所需的方式影响 FOV 的运动, 从而使它们获得可口的奖励. 接下来, 团队改变了环境——金鱼在室内和室外的竞技场中驾驶它们的小车

---

[1]图 1.1.1 中的两图来自新京报客户端网站的文章《中国古代有没有迷宫? 没想到竟然藏在这些地方》, 该文称, "大衍的概念出自《周易》", 此图的设计者很可能是想用它表现周易哲学的玄妙与复杂, 然而在今人看来, 他却误打误撞地把中国传统文化和西方文化糅捏到了一处. 因为一眼看上去,《大衍篆图》和西式迷宫几无分别." 如今的万花阵是 1980 年代在原址上重建的, 连中心的中式凉亭也改成了西式的.

[2]比如, 网址: https://phys.org/news/2022-01-goldfish-taught-vehicle-desired.html.

辆, 并且目标和障碍物不断变化. 他们发现金鱼没有适应问题. 它们直奔奖励, 展示了它们把 FOV 导航到所需位置的能力.

更具体地, FOV 根据金鱼在水箱中的运动特征、位置和方向改变其位置. 研究人员让六条金鱼"驾驶"车辆驶向一个视觉目标——实验室墙上的一个彩色标记——通过水箱的透明侧面可以看到.

像任何想成为司机的人一样, 这些金鱼从学习课程开始. 研究人员测试了金鱼是否可以向目标驶去以换取食物颗粒. 研究人员让这些金鱼进行了多次 30 分钟的学习, 以查看每条金鱼到达目标的次数、每次行驶所需的时间以及每次行驶的距离.

经过几天的训练, 这些金鱼能够导航到目标——即使它们在途中撞到了一堵墙或从新位置开始行驶. 值得注意的是, 它们也没有被研究人员设定的诱饵目标迷惑.

上面这些金鱼通过奖励机制学会如何导航正是强化学习的一个例子. 当然, 该研究的目的不是强化学习, 而是研究大脑和行为, 该研究于 2022 年 1 月发表在同行评审的《行为大脑研究》杂志上[3], 至少通过这个研究一些人会觉得人类和鱼类可能并不像某些人想象的那么不同. 具体研究的技术细节可查看该论文及各个网站的报道[4]. 这里介绍金鱼学习例子的目的是表明强化学习虽然是机器学习, 但与金鱼学习没有本质上的区别: 通过对正确行动给予奖励来学习有指导意义的模型.

从这个金鱼解决迷宫问题的例子可以看出:

1. 首先必须有一个某种构造的迷宫**环境**.
2. 在该环境中金鱼需要采取某个**行动**, 即选择方向.
3. 金鱼的任何行动都导致金鱼从一个**状态** (即迷宫中的位置) 转移到另一个状态.
4. 在采取行动做每次状态转移时, 根据对错 (走得通或走不通) 会给以**奖励**或惩罚. 这促使金鱼学会走正确的路径.
5. 金鱼一开始会做随机的**探索**, 等到有一定经验之后就能够生成某种指导行动的**策略**以**开发** (利用) 自己的经验, 最终学会**最优策略**.
6. 任何策略不是由一个行动组成的, 而是由一串序贯动作组成的轨迹, 最优策略相应于各种序贯动作所得到的**累积奖励**最大的轨迹.

这里涉及强化学习的最重要的一些概念: 环境、状态、行动、奖励、探索、开发、策略. 这些概念将在本书中反复出现.

1.1.2 迷宫的说明性例子

例 1.1 图 1.1.2 中的左图是一个非常简单的由称为**状态** (state) 的 0~5 号位置组成的迷宫, 0 号位置是迷宫入口, 4 号位置是出口. 问题的目标是: 从迷宫中任何一点出发, 都能找到最短路径以到达 4 号所在的出口. 实际上一眼可以看到, 如果从 5 出发, 走出该迷宫的最短路径是 $5 \rightarrow 2 \rightarrow 0 \rightarrow 1 \rightarrow 4$. 但是对于我们称之为**代理** (agent) 的 AI 机器人或者诸如金鱼或仓鼠等动物来说, 学会寻找正确路线的方法需要经过训练. 与图 1.1.2 中的左图等价的路径图

---

[3]Shachar, G., Matan, S. Ohad, B-S. and Ronen, S. (2022) From fish out of water to new insights on navigation mechanisms in animals, *Behavioural Brain Research*, Volume 419, 15. https://www.sciencedirect.com/science/article/abs/pii/S0166432821005994?via%3Dihub.

[4]比如, 网站 https://phys.org/news/2022-01-goldfish-taught-vehicle-desired.html 给出了技术细节的图片解释.

是图 1.1.2 中的右图.

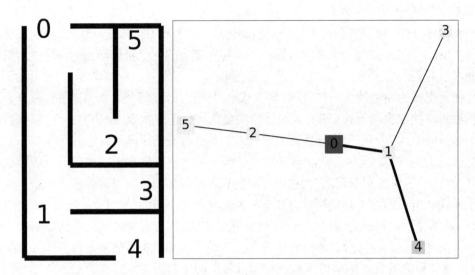

图 1.1.2　例 1.1 迷宫 (左) 和等价的路径图 (右)

1.1.3　例 1.1: 奖励矩阵

对于例 1.1 的迷宫来说, 从每个点出发一步 (每一步称为**行动** (action)) 到任何其他的点都有两种可能: 走得通或走不通. 于是我们可以形成一个奖励矩阵, 矩阵的行代表出发点, 而列代表下一步的到达点. 矩阵中的奖励值可正可负 (惩罚), 取值的大小有些任意. 比如, 走不通给以 -1 的奖励, 走得通给以 0 的奖励, 如果到达点为迷宫出口, 则奖励为 100. 对于非目标 (出口) 点原地不动则给以 -1 的奖励, 对于目标点不动以 100 的奖励. 显然, **这种奖励矩阵只考虑一步的奖励, 很"近视", 只有经过很多次尝试之后, 才能够得到从一个点通过很多步到达终点 (或死路) 的有指导意义的累积奖励, 也只有这种累积奖励才有全局性的指导意义.**

首先载入必要的程序包:

```
import numpy as np
import pandas as pd
import matplotlib.pyplot as plt
```

下面给出构造这种矩阵的函数及例 1.1 的实现代码:

```
def Reward(paths=[(0,1), (0,2), (1,3), (1,4),  (2,5)], goal=4):
    d = len(np.unique(paths))
    R=np.mat(np.ones((d, d))*-1)
    for p in paths:
        if p[1] == goal:
            R[p] = 100
        else:
            R[p] = 0
```

```
        if p[0] == goal:
            R[p[::-1]] = 100
        else:
            R[p[::-1]]= 0
    R[goal,goal]= 100
    return R
Reward()
```

输出的奖励矩阵为 (这里行号为起点, 列号为终点, 下标为 (i,j) 的元素为从 i 点到 j 点的奖励值):

```
matrix([[ -1.,    0.,    0.,   -1.,   -1.,   -1.],
        [  0.,   -1.,   -1.,    0.,  100.,   -1.],
        [  0.,   -1.,   -1.,   -1.,   -1.,    0.],
        [ -1.,    0.,   -1.,   -1.,   -1.,   -1.],
        [ -1.,    0.,   -1.,   -1.,  100.,   -1.],
        [ -1.,   -1.,    0.,   -1.,   -1.,   -1.]])
```

上述代码有两点值得注意:

1. 这个奖励矩阵仅仅和状态的相对位置 (状态之间是否相连) 有关: 通路为 0 或 100 (如与目标相通), 不通的为 -1. 该矩阵并没有明确指出各个可能行动未来的预期奖励.
2. 其中的值 (诸如 -1, 0 或 100) 完全可以用不同尺度的值代表, 它们的选取有一定的任意性.

1.1.4 例 1.1: 训练以得到关于状态和行动的奖励: Q 矩阵

为了训练, 必须 (通过迭代) 不断让代理从各个状态采取各种可能的行动来获得奖励 (惩罚) 以取得 "经验", 这些经过大量纯粹随机探索得到的经验就记录在下面代码生成的 (代码中标为 Q) 被称为 **Q 矩阵**的函数中. 该矩阵的元素 $Q_{i,j}$ 描述了从状态 i 到状态 j 的行动的累积奖励. 有了这个经验就很容易知道在一个状态采取什么行动会得到最优结果. 下面就是生成 Q 矩阵的名为 Train 的函数及对其应用的代码:

```
def Train(R, paths=[(0,1), (0,2), (1,3), (1,4),  (2,5)],
          gamma=0.8, Eps=0.0000001,Iteration=500):
    d = len(np.unique(paths))
    Q=np.mat(np.zeros((d, d))*-1)
    def OK_act(state): # 从状态state可达的状态(下标)
        Row = R[state,]
        ok_act = np.where(Row >= 0)[1]
        return ok_act
    def random_next_act(ok_actions): #从可达状态选择一个
        next_act = int(np.random.choice(ok_actions,1))
        return next_act
    def renew(now_state, action, gamma): # 目前状态采取某行动的奖励
```

```
            max_id = np.where(Q[action,] == np.max(Q[action,]))[1] #
            if max_id.shape[0] > 1:
                max_id = int(np.random.choice(max_id, 1))
            else:
                max_id = int(max_id)
            max_value = Q[action, max_id]
            Q[now_state, action] = R[now_state, action] + gamma * max_value
            if (np.max(Q) > 0):
                return(np.sum(Q/np.max(Q)*100))
            else:
                return (0)

        # 利用上面函数训练
        scores = []
        epsilon=10
        k=0
        cur_state = 1 #初值
        while epsilon>Eps and k<Iteration:
            k+=1
            ok_act = OK_act(cur_state)
            action = random_next_act(ok_act)
            score = renew(cur_state,action,gamma)
            scores.append(score)
            if k>50:
                epsilon=abs(scores[-1]-scores[-2])
            cur_state = np.random.randint(0, int(Q.shape[0]))
        return Q/np.max(Q)*100,k,scores

TT=Train(R=Reward())
print(f'Q-matrix:\n{np.round(TT[0],4)}\nNumber of Iterations:{TT[1]}')
```

输出为:

```
Q-matrix:
[[  0.      70.2523  27.4155   0.       0.       0.     ]
 [ 34.2694   0.       0.      34.2694 100.       0.     ]
 [ 56.2018   0.       0.       0.       0.      21.9324]
 [  0.      80.       0.       0.       0.       0.     ]
 [  0.      70.2523   0.       0.     100.       0.     ]
 [  0.       0.      44.9614   0.       0.       0.     ]]
Number of Iterations:52
```

上述代码的说明如下:

1. 函数 Train 的输入变元包括: 奖励矩阵 (通过 Reward 函数得到), 路径 (paths), 迭

代时的误差要求 (Eps), 最大迭代次数 (Iteration) 及折扣率 (gamma).

2. 函数 OK_act: 从输入的状态 state 可以到达的状态 (以列下标表示).

3. 函数 random_next_act: 从输入的可到达状态 (OK_act 的输出) 中随机选择一个作为下一个行动的目的地.

4. 函数 renew: 根据目前状态及行动, 并基于奖励矩阵 R 得到对 Q 矩阵的更新 (采用折扣率 gamma).

5. 函数 OK_act 及 renew 是构造 Q 矩阵的关键, 不同的奖励措施能体现在这些函数对 Q 矩阵的更新方式的不同上.

6. 通过迭代, 依次使用上述若干函数, 得到一个稳定的 Q 矩阵, Q 矩阵的元素 $Q_{i,j}$ 描述了从状态 i 到状态 j 的行动的奖励, 这是根据学习得到的经验汇总.

输入下面的代码得到上面函数输出的记分序列 (scores) 的点图 (参见图 1.1.3).

```
plt.figure(figsize=(21,6))
plt.plot(TT[2])
plt.savefig("scores9.pdf",bbox_inches='tight',pad_inches=0)
plt.show()
```

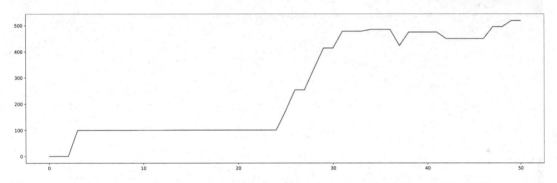

图 1.1.3　训练迭代过程中的记分——每次行动中 Q 矩阵的标准化最大值

1.1.5 例 1.1: 使用 Q 矩阵来得到最优行动 (路径)

从任何状态使用 Q 矩阵来得到最优行动都非常简单, 只需在 Q 矩阵的一行中选择奖励最大的那一列 (所代表的行动) 即可, 可以用下面的函数 Get_path. 在实践中, 利用前面得到的训练结果得到最优路径:

```
def Get_path(cur_state,Q,goal=4):
    steps = [cur_state]
    while cur_state != goal:
        next_id = np.where(Q[cur_state,] == np.max(Q[cur_state,]))[1]
        if next_id.shape[0] > 1: #有多个最大值, 任选一个
            next_id = int(np.random.choice(next_id, size = 1))
        else:
            next_id = int(next_id)
        steps.append(next_id)
```

```
        cur_state = next_id
    return steps
for i in range(6):
    print(f'path from state {i}: {Get_path(i,TT[0])}')
```

输出为:

```
path from state 0: [0, 1, 4]
path from state 1: [1, 4]
path from state 2: [2, 0, 1, 4]
path from state 3: [3, 1, 4]
path from state 4: [4]
path from state 5: [5, 2, 0, 1, 4]
```

1.1.6 例 1.1: 把代码组合成 class

前面的零散的代码片段在应用中不那么方便, 可以把这些代码组合起来形成一个 class, 以对不同的问题使用统一代码:

```
class maze:
    def __init__(self,paths=[(0,1), (0,2), (1,3), (1,4),  (2,5)],
                 goal=4):
        self.paths=paths
        self.goal=goal
    def Reward(self):
        d = len(np.unique(self.paths))
        R=np.mat(np.ones((d, d))*-1)
        for p in self.paths:
            if p[1] == self.goal:
                R[p] = 100
            else:
                R[p] = 0

            if p[0] == self.goal:
                R[p[::-1]] = 100
            else:
                R[p[::-1]]= 0
        R[self.goal,self.goal]= 100
        self.R=R
        return R
    def Train(self, gamma=0.8, Eps=0.0000001,Iteration=500):
        R=self.R
        d = len(np.unique(self.paths))
        Q=np.mat(np.zeros((d, d))*-1)
```

```
    def OK_act(state):
        Row = R[state,]
        ok_act = np.where(Row >= 0)[1]
        return ok_act
    def random_next_act(ok_actions):
        next_act = int(np.random.choice(ok_actions,1))
        return next_act
    def renew(now_state, action, gamma):
        max_id = np.where(Q[action,] == np.max(Q[action,]))[1]
        if max_id.shape[0] > 1:
            max_id = int(np.random.choice(max_id, 1))
        else:
            max_id = int(max_id)
        max_value = Q[action, max_id]
        Q[now_state, action] = R[now_state,action]+gamma*max_value
        self.Q=Q
        if (np.max(Q) > 0):
            return(np.sum(Q/np.max(Q)*100))
        else:
            return (0)

    # 利用上面函数训练
    scores = []
    epsilon=10
    k=0
    cur_state = 1
    while epsilon>Eps and k<Iteration:
        k+=1
        ok_act = OK_act(cur_state)
        action = random_next_act(ok_act)
        score = renew(cur_state,action,gamma)
        scores.append(score)
        if k>50: epsilon=abs(scores[-1]-scores[-4])
        cur_state = np.random.randint(0, int(Q.shape[0]))
    return self.Q/np.max(self.Q)*100,k,scores
def Get_path(self,cur_state):
    Q=self.Q
    goal=self.goal
    steps = [cur_state]
    while cur_state != goal:
        next_id = np.where(Q[cur_state,] == np.max(Q[cur_state,]))[1]
        if next_id.shape[0] > 1:
            next_id = int(np.random.choice(next_id, size = 1))
        else:
```

```
            next_id = int(next_id)
          steps.append(next_id)
          cur_state = next_id
      return steps
```

于是, 前面的输出结果可以用下面的语句得到.

```
M=maze()
print('R-matrix:\n',M.Reward())
print('Q-matrix:\n',np.round(M.Train()[0],4))
for i in range(6):
    print(f'path from state {i}: {M.Get_path(i)}')
```

输出为:

```
R-matrix:
 [[ -1.    0.    0.   -1.   -1.   -1.]
 [  0.   -1.   -1.    0.  100.   -1.]
 [  0.   -1.   -1.   -1.   -1.    0.]
 [ -1.    0.   -1.   -1.   -1.   -1.]
 [ -1.    0.   -1.   -1.  100.   -1.]
 [ -1.   -1.    0.   -1.   -1.   -1.]]
Q-matrix:
 [[  0.       80.       51.2       0.        0.        0.     ]
 [ 64.        0.        0.       45.3979  100.        0.     ]
 [ 64.        0.        0.        0.        0.       40.96   ]
 [  0.       80.        0.        0.        0.        0.     ]
 [  0.       56.7474    0.        0.       70.9343    0.     ]
 [  0.        0.       51.2       0.        0.        0.     ]]
Num of Iterations: 54
path from state 0: [0, 1, 4]
path from state 1: [1, 4]
path from state 2: [2, 0, 1, 4]
path from state 3: [3, 1, 4]
path from state 4: [4]
path from state 5: [5, 2, 0, 1, 4]
```

1.2　热身: 井字游戏 *

　　这一节是选择性的, 熟悉 Python 编程的读者可以此热身, 并且了解一些强化学习的做法. 一开始可能觉得有些生疏, 但在深入学习强化学习内容之后, 可能就会觉得这个井字游戏太初级了. 如果有些看不懂也没有关系, 带着问题来学习后面的内容可能更易于理解.

例 1.2　井字游戏是很多人都玩过的最简单的二人棋盘游戏. 棋盘为如同井字的 3×3 矩阵, 有 9 个格子 (九宫格). 一场比赛有两个玩家, 两个标志分别代表两个玩家. 游戏中一般常用

的标志是 "O" 和 "X". 我们用甲方、乙方分别代表两个玩家, 玩法如下:

- 首先, 参赛者甲将其标志 (比如 "O") 放在一个空格中, 于是该格被占据了;
- 接下来, 乙方将其标志 (比如 "X") 放在一个未被占据的空格中;
- 如此下去, 首先将其标志按行或按列或对角放置成由 3 个格组成的一条直线就是赢家;
- 如果有一名玩家赢得比赛, 或者在没有赢家的情况下两人填满所有格子 (结果为平局), 则游戏结束.

一般地, 对于两个稍微用心的玩家来说, 在井字游戏中大概率是平局.

图 1.2.1 就是使用字符 "O" 的玩家先走 (用 "X" 的玩家后走) 而进行的一轮井字游戏, 虽然一共走了 8 步, 实际上在第 7 步就意味着平局, 因为在第 8 步乙方走任何一步 (2 个选择), 结果都一样, 而 (没有显示的) 轮到第 9 步的 "O" 时完全没有必要走了.

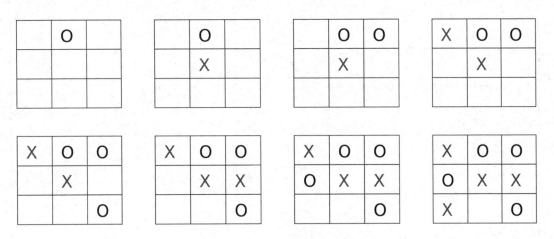

图 1.2.1 井字游戏 (从左上到右下) 下棋过程, 结果为平局

1.2.1 两个真人的简单井字游戏

对于简单的两个真人井字游戏的 Python 程序, 由于思考是由真人进行, 这里没有任何机器学习的问题. 程序中仅仅包括棋盘状况、打印棋盘、判断输赢等简单程序. 下面定义的 class simple (代码在 1.2.6 节中) 就是为此真人游戏设置的. 其中有几个部分:

- 棋盘: 按照电话键盘排列的除 0 之外的 9 个数字组成的矩阵, 每个代表相应位置的井字游戏位置. 代码中用 1 代表第一个出手的玩家, 而 −1 代表另一个玩家. 在下面的代码中用 player_id 代表玩家代码, 而 D 为棋盘序列由 0, 1, −1 三个数组成, 0 代表没有占据的位置, 1 和 −1 分别代表两个玩家; board 为 D 的矩阵形式.
- 判断输赢: 这是由函数 referee 实现的, 如果某一行, 或某一列, 或某一对角线都是 1 或 −1, 则某一方得胜, 否则平局.
- 打印下棋过程: 这个函数 (PP) 把棋盘矩阵 board 转换成字符 (_, O, X), 以便于打印.
- 函数 Splay 是进行游戏, 判断输赢及打印的组合, 没有实质内容.

这些成分中没有增强学习 (或任何机器学习) 的部分, 仅仅是两个人玩井字游戏的一个平台. 基于这个平台, 如果需要让机器学会如何下棋, 必须做如下增补及修正:

1. 首先要让两个机器人随意玩游戏很多遍 (这是机器学习过程), 根据结果进行奖惩, 并依此确定最佳下棋策略 (训练出来的模型).

2. 使用上面训练出来的模型, 真人就可以和机器下棋了.

下面是运行 simple 的示意例子 (两个真人的游戏). 代码为:

```
a=simple()
a.Splay()
```

两个玩家会轮流得到想占据哪一个位置的提示 (输入除 0 之外前 9 个自然数之一), 一个输出为:

```
O-player input a location from 1-9:
5
[['_' '_' '_']
 ['_' 'O' '_']
 ['_' '_' '_']]
Not over yet!
X-player input a location from 1-9:
2
[['_' 'X' '_']
 ['_' 'O' '_']
 ['_' '_' '_']]
Not over yet!
O-player input a location from 1-9:
9
[['_' 'X' '_']
 ['_' 'O' '_']
 ['_' '_' 'O']]
Not over yet!
X-player input a location from 1-9:
1
[['X' 'X' '_']
 ['_' 'O' '_']
 ['_' '_' 'O']]
Not over yet!
O-player input a location from 1-9:
3
[['X' 'X' 'O']
 ['_' 'O' '_']
 ['_' '_' 'O']]
Not over yet!
X-player input a location from 1-9:
7
[['X' 'X' 'O']
 ['_' 'O' '_']
```

```
  ['X' '_' 'O']]
Not over yet!
O-player input a location from 1-9:
6
[['X' 'X' 'O']
 ['_' 'O' 'O']
 ['X' '_' 'O']]
O-player won!
```

1.2.2 人和机器的井字游戏的强化学习实践

真人之间的游戏很简单, 这是因为两个人都知道目前的状况, 也都能根据经验来做出决策. 对于计算机来说, 识别当前的棋盘状况比较简单, 更重要的是要在每一步做决策. 一种是没有训练的随机决策, 这不用学习, 但更重要的是训练计算机使其具有和常人匹配的决策能力, 这就是强化学习的课题了.

井字游戏的学习步骤就是让机器人和机器人一起玩来训练模型, 根据过程及输赢来对每一步给出评分, 当玩了很多遍之后, 这些评分就逐渐形成了比较稳定的有效的经验. 实际上有先走和后走两套经验, 这些经验在学习之后存在文件中. 当机器人和真人下棋时, 这些经验就可以用于实战了.

开始人机井字游戏, 需要把在 1.2.7 节给出的 class STATE、AI、Referee、Human 和函数 All_S、IAS、Train、Testing、Play 放入内存 (运行代码). 然后运行下面的代码即可开始人机井字游戏:

```
all_S=All_S()
Train(epochs=30000) # epochs 是训练次数
# Testing(700) # 检测训练结果 (不一定必须执行)
Play() # 真人和机器人比赛
```

游戏过程的一个可能结果为:

```
Move first? (Y/N)y
Input your position:5
[['_' '_' '_']
 ['_' 'O' '_']
 ['_' '_' '_']]
[['_' '_' '_']
 ['_' 'O' '_']
 ['_' '_' 'X']]
Input your position:3
[['_' '_' 'O']
 ['_' 'O' '_']
 ['_' '_' 'X']]
[['_' '_' 'O']
```

```
 ['_' 'O' '_']
 ['X' '_' 'X']]
Input your position:8
[['_' '_' 'O']
 ['_' 'O' '_']
 ['X' 'O' 'X']]
[['_' 'X' 'O']
 ['_' 'O' '_']
 ['X' 'O' 'X']]
Input your position:4
[['_' 'X' 'O']
 ['O' 'O' '_']
 ['X' 'O' 'X']]
[['_' 'X' 'O']
 ['O' 'O' 'X']
 ['X' 'O' 'X']]
Input your position:1
[['O' 'X' 'O']
 ['O' 'O' 'X']
 ['X' 'O' 'X']]
[['O' 'X' 'O']
 ['O' 'O' 'X']
 ['X' 'O' 'X']]
Tie!
Play again? (Y/N)n
See you later!
```

下面将通过程序代码解释井字游戏的强化学习的细节.

1.2.3 井字游戏的强化学习代码解释

井字游戏的所有计算程序都在 1.2.7 节中. 下面对其各个部分进行解释.

关于状态的 class STATE

描述状态的 class STATE 有下面一些要素:

- 由于井字游戏需要一个九宫格棋盘, 这在 class STATE 中以 3×3 的矩阵 self.board 来代表, 矩阵中的元素则在游戏过程中, 根据先后顺序轮流由代表两个玩家的整数型代号 "+1" 和 "−1" 填充.
- 需要标记每次棋局是否结束, 这用取值 True 或 False 的逻辑变量 self.end 代表. 而是否结束则由函数 End 根据是否有某个玩家的标记形成 3 个排成 (横、竖或斜角) 一条直线来判断某个玩家赢, 如没有玩家的标记能形成一列 3 个, 则没有人赢 (平局).
- 需要记录哪个玩家赢了, self.winner 用两个玩家的整数型代号 "+1" 或 "−1" 标出.
- 为了在游戏中记录某个玩家出手改变了的棋盘, 使用函数 Next, 输入位置 (第 i 行及第 j 列) 和取值 "+1" 或 "−1" 的玩家标识 (symbol).

- 函数 Next: 用于在 board 某个位置插入某玩家的标识.
- 函数 Print: 仅仅为在需要时打印棋盘状况用.

生成所有状态的函数: All_S 和 IAS

首先, 我们需要所有可能的棋盘状况并且把它们形成一个有 key (编号) 的 dict. 理论上, 9 个格子的矩阵的每个元素如果有空格 (代码中用 "0" 表示)、"O" (代码中用 "+1" 代表先出手的玩家) 和 "X" (代码中用 "−1" 代表后出手的玩家)3 种选择, 则有 3^9 种状况, 但实际上没有那么多, 因为 "O" 和 "X" 的数目差不多 (最多相差 1). 到底怎么记录这些情况呢? 最好的办法就是两个玩家依次出招, 这就把所有产生的可能性收集成一个 dict. 其中每个元素都是 STATE 的一个对象, 包含棋盘矩阵 (board)、是否结束 (end)、谁赢了 (winner), 这也是上面提到的 3 个 STATE 变量, 这些对象都是由函数 IAS 产生的 (函数 All_S 仅仅是 IAS 的一个包装而已), 函数 IAS 的具体做法是:

- 生成 board 时, 使用行和列的循环语句通过 STATE 的赋值函数 Next 来填充其矩阵的各个格子, 由于玩家标识 player_id 分别是用 "+1" 与 "−1" 表示的, 因此在转换时只要乘一个 "−1" 即可 (程序中的 -player_id).
- 在判断 end 值时, 利用了 STATE 的 End 函数.
- 如何给 dict 的每一个 STATE 对象独一无二的编号呢? 由于每个对象的 board 矩阵是独一无二的, 可以用其 hash 值[5]. 在 Python 中有 hash 函数来得到数组的 hash 值, 但该函数需要把数组转换成一维的 puple, 在我们的程序中做了这样的转换.

在我们的程序一开始, 代码 all_S=All_S() 产生了各种可能棋盘的 dict, 以 hash 值作为 key, 每个元素是一个 STATE 对象. 每个都有 board、winner、end 等 3 个值. 可以用下面代码看 all_S 的 2 个对象的 hash 值和每个对象的 3 个值:

```
all_S=All_S()
k=0
for i in all_S:
    if k in (6,7):
        print(i,'\n',all_S[i].board,all_S[i].winner,all_S[i].end)
    k+=1
    if k>7: break
```

输出为:

```
2335242815276309923
 [[ 1. -1.  1.]
 [-1.  1. -1.]
 [ 0.  0.  0.]] None False
-4158128594684752086
 [[ 1. -1.  1.]
 [-1.  1. -1.]
 [ 1.  0.  0.]] 1 True
```

---

[5]这里的 hash 值可音译为 "哈希值" 或 "散列值". 它可以由计算机生成或用公式算出, 通常是整数形式, 目的是分配给数组每个元素一个唯一标签.

注意, 用上面输出的倒数第二个 hash 值的 all_S, 可用 Next 函数生成下一个状态, 但只有经过函数 End 才生成 winner 及 end:

```
K=2335242815276309923
s2=all_S[K].Next(2,0,1)
print(f'board:\n{s2.board}\nwinner={s2.winner},end={s2.end}')
s2.End()
print(f'winner={s2.winner},end={s2.end}')
```

输出为:

```
board:
[[ 1. -1.  1.]
 [-1.  1. -1.]
 [ 1.  0.  0.]]
winner=None,end=False
winner=1,end=True
```

强化学习中训练函数 Train 所使用的 class

在井字游戏中通过函数 Train 包装了代表两个智能代理的 class AI 对象的通过 class Referee 进行的游戏, 其中, Referee 的游戏函数 play 及随时给出奖励的 Rewarding 函数起着核心作用.

在训练中, 用两个 (一个先出手, 另一个后出手) AI 对象 (智能代理) 通过函数 play 下棋很多遍, 每一步都根据输赢 (或不赢不输) 给以相应的奖惩. 这些奖惩值就是 Q 值, 最终把这些以 hash 值为标记的 Q 值存入相应于两个玩家的两个文件. 在智能代理与真人玩的时候就把存入文件的经验取出来使用.

下面先介绍有关的 class, 后面再通过逻辑过程解释代码的细节.

智能代理: class AI

在训练中, 两个智能代理都是 class AI 的对象, 其中的函数只在 Referee 的函数中被应用. 每个智能代理对象有下面的特性:

- 具有 STATE 对象 self.all_S (all_S).
- Q 值的估计 self.est 是一个 dict, 存储相应于每一种状态的奖惩, 其 key 就是相应状态的 hash 值.
- 变量 self.step = step 是在函数 Reward 计算 Q 值时使用的折扣率.
- 变量 self.states 是一个 list 容器, 它包括涉及的各种 STATE 对象. 直接关于 self.states 操作的函数有:
  - 函数 reset 把 self.states 清零 (=[]). (为 Referee 的 reset 函数所用.)
  - 函数 Add_S 为 self.states 增加一个元素. (为 Referee 的 Adding_S 函数所用.)
- 函数 setID 对 STATE 对象 all_S 根据 ID 给出奖惩值. (在 Referee 中使用.)

- 函数 Reward 是实现 Q 值更新的函数:

$$Q_t \leftarrow R_{t+1} + \alpha(Q_{t+1} - Q_t).$$

  (为 Referee 的 Rewarding 函数所用.)
- 函数 Action 输出 Q 值最大的放棋位置和代理标识对 ([i, j, ID]). (为 Referee 的 play 函数所用.)
- 函数 Save (为 Train 所用) 和 Load (为 Testing 和 Play 函数所用) 存取文件训练结果 (需要模块 pickle).

评价训练结果: class Referee

前面的 AI 是为保存每个智能代理的各种性质的记录而用, 真正进行训练的是 class Referee. 如前面列举过的:

- 通过其函数 Rewarding 利用 AI 的 Reward 对各个 AI 智能代理给予奖惩.
- 通过其函数 Adding_S 利用 AI 的 Add_S 对各个 AI 智能代理增加状态.
- 通过其函数 reset 利用 AI 的 reset 对各个 AI 智能代理重置.
- Referee 最重要的函数是 Play, 它结合 Rewarding 运行两个 AI 智能代理之间的对弈及记录各种状态和行动所获得的奖惩.

1.2.4 整个训练过程

现在完整地走一遍训练过程 (通过函数 Train), 以理解这个问题的强化学习.

1. all_S=All_S() 产生了各种可能棋盘的 dict, 以 hash 值作为 key, 每个元素是一个 STATE 对象. 每个都有 board、winner、end 三个值.
2. 使用 actor1 = AI() 和 actor2 = AI() 生成两个 AI 玩家对象, 都有 all_S (已有)、step (有默认值)、est (尚为空 dict)、states (尚为空 list).
3. 在命令 ref = Referee(actor1, actor2) 之后, 在 Referee 中生成与 actor1、actor2 相应的对象 ref.p1、ref.p2, 它们和前面的 actor1、actor2 相同, 但由于在 Referee 中对 AI 对象 p1、p2 使用了 setID 函数, 使得 AI 对象 (存储 Q 值) 的 est 不再是空集, 而是和 all_S 的 key 相同的 dict, 元素是 est 的初始值 (只有 0、0.5、1 等值). 当然 ref 还有作为 STATE 对象的 Now_S 及等同于 all_S 的变量.
4. 下面的循环就是通过 winner=ref.play() 玩游戏 epochs 次, 然后计算各自赢多少 (记在 actor1Win 和 actor2Win). 这只是表面的统计, 实际上的训练是在函数 ref.play 执行时通过 Rewarding 对 2 个 AI 对象的 Q 值 est 的计算和存储中. 下面进入函数 play 的运行过程. 其输出值是赢者的识别 ("+1" 或 "−1"). play 的实施顺序首先是重设状态:
   (1) self.reset 使两个代理有一个空的 list states.
   (2) self.Adding_S 使两个代理的 states 非空, 各有一个 STATE 对象.
   (3) 然后如下进行一次游戏直到结束 (从 while True 直到 self.Now_S.end).
   (4) 程序后面的 if...else 语句轮换设定两个智能代理的下棋次序.
   (5) 在 self.player_id.Action (一个 AI 对象的 Action) 中:
       i. state = self.states[-1] 选中 states 最后一个元素.

ii. next_Ss 和 next_Ps 分别为装载 hash 值和棋盘坐标的 list.

iii. 在下面遍历矩阵 9 个坐标时, 把空棋位 (board[i, j]==0) 的 [i,j] 加入 list next_Ps, 并把 [i,j] 点附以相应智能代理 (玩家) 的标识 ("1" 或 "−1"). 把这个改过的棋盘的 hash 值加入 list next_Ss, 因此 next_Ps 和 next_Ss 最多可有 9 个元素.

iv. 后面几行关于 value 的代码生成相应于上面 next_Ps 数目的 list, 每个元素包含相应 AI 对象的 Q 值 (est) 和坐标 ([i,j]), 得到数组 value[0] 及数组 value[1].

v. 注意: 上面得到的坐标值 (value[1]) 包含了目前为止可以落棋子的所有位置, 希望选择其中相应于 value[0] (est) 最大值的那个. 由 value[0] 升序排列代码 values.sort(...) 得到的 action = values[0][1] 为 Q 值最大的坐标[i,j], 加上相应 AI 对象 ID, Action 输出的是 [i, j, ID].

(6) 在 play 中由 Action 得到与目前最大 Q 值相关的棋位和玩家标识 [i, j, ID] 之后, 通过 Next 将其实现在棋盘上, 得到目前的棋盘对象 Now_S; 再根据棋盘的 hash 值, 找到相应的 all_S 元素, 并把它的完整信息 (all_S[hashValue]) 赋值给 Now_S.

(7) 把 Now_S 加入相应代理的 states 中.

(8) 如果这盘游戏结束, 在 feedback=True 的设定下, 根据输赢平局等情况给各个玩家奖励并计算 Q 的更新值, 这是 Rewarding 通过 AI 对象 Reward(point) 函数实行的:

i. point 的值是根据赢和输给 1 分或 0 分, 如果平局先走者得 0.1 分, 后走者得 0.5 分.

ii. 得到相应 AI 对象的 states (STATE 对象集合) 的所有 hash 值集合, 并且把该集合按照时间从后向前排列 (reversed) 逐个做 Q 值更新 $Q_t \leftarrow R_{t+1} + \alpha(Q_{t+1} - Q_t)$:

```
value=self.est[latest_S]+self.step*(target-self.est[latest_S])
self.est[latest_S] = value
target = value
```

注: 在上面 Reward 函数中, 对象 self.states 从包含 STATE 对象的 list 转换成包含 STATE 对象 hash 值的 list, 随后清零成为可以包含任何元素的空 list.

(9) 完成 Q 值更新之后 play 输出赢者标识.

5. 函数 Train 在 epochs 次之后的任务是把训练结果的 Q 值 (两个 AI 对象的 est) 存入文件.

关于 class Testing

还有一个和 Train 几乎完全一样的函数 Testing, 仅有的区别在于 Testing 只是在一开始 Load 前者训练出来 (通过 Save 存储) 的 Q 值, Testing 本身不做 Q 值的计算 (可以从 Referee 第 3 个变元为 False 看出), 当然也不存在 Save 了. 因此, Testing 仅用来测试训练的结果.

1.2.5 使用训练后的模型做人机游戏

这需要两个比较简单的函数和 class. 其中函数 Play 和 Testing 有些类似, 仅有的不同是只有一个玩家是 AI 对象. 另一个是 class Human 对象, 此外还有一些为人机互动方便而设的简单输入输出代码. 函数 Play 使用了 Referee 的一些功能.

这里的 class Human 比较简单, 但为了和 AI 对象使用同一个 Referee 也有一些和 AI 类似的函数, 但相对来说非常简单 (甚至 "不作为").

1.2.6 1.2.1 节代码

1.2.1 节两个真人的简单井字游戏的 class 代码为:

```python
class simple():
    def __init__(self):
        self.D = np.zeros(9).astype('int')
        self.board = np.zeros((3, 3))
        self.player_id=1
    def PP(self,loc):
        self.D[loc-1]=self.player_id
        self.board=np.array(self.D).reshape(3,3)
        F=np.array(['_']*9)
        for i in range(9):
            F[i]=np.select([self.D[i]==1,self.D[i]==-1],['O','X'],'_')
        M=F.reshape((3,3))
        self.player_id*=-1
        print(M)
    def referee(self):
        if any(np.array([sum(self.board[i,:]) for i in range(3)])==3):
            return 1
        if any(np.array([sum(self.board[i,:]) for i in range(3)])==-3):
            return -1
        if any(np.array([sum(self.board[:,i]) for i in range(3)])==3):
            return 1
        if any(np.array([sum(self.board[:,i]) for i in range(3)])==-3):
            return -1
        diag1=sum([self.board[i, i] for i in range(3)])
        diag2=sum([self.board[i, 3-1-i] for i in range(3)])
        if max(abs(diag1),abs(diag2))==3:
            return np.select([diag1==3 or diag2==3,
                              diag1==-3 or diag2==-3], [1, -1])
        if sum(self.D==0) == 0: # 所有 ok_state
            return 0 # winner=0
        # not end 没结果继续
        return None
```

```
    def Splay(self):
        self.D=np.zeros(9).astype('int')
        self.board = np.zeros((3, 3))
        while sum(self.D==0)>0:
            loc=eval(input('O-player input a location from 1-9:\n'))
            self.PP(loc)
            if sum(self.D==0)<=0:
                print('Game over --- tie!')
                self.player_id=1 # 归零
                break
            win=self.referee()
            if win==1:
                print('O-player won!')
                self.player_id=1 # 归零
                break
            elif win==-1:
                print('X-player won!')
                self.player_id=1 # 归零
                break
            else:
                print('Not over yet!')
            loc=eval(input('X-player input a location from 1-9:\n'))
            self.PP(loc)
            win=self.referee()
            if win==1:
                print('O-player won!')
                self.player_id=1 # 归零
                break
            elif win==-1:
                print('X-player won!')
                self.player_id=1 # 归零
                break
            else:
                print('Not over yet!')
```

1.2.7　附录: 1.2.3 节人和机器的井字游戏代码

下面的代码是关于状态的 class:

```
class STATE():
    def __init__(self):
        self.board = np.zeros((3, 3))
        self.winner = None
        self.end = False
```

```python
def End(self):
    if any(np.array([sum(self.board[i,:]) for i in range(3)])==3):
        self.end=True
        self.winner=1
        return self.end
    if any(np.array([sum(self.board[i,:]) for i in range(3)])==-3):
        self.end=True
        self.winner=-1
        return self.end
    if any(np.array([sum(self.board[:,i]) for i in range(3)])==3):
        self.end=True
        self.winner=1
        return self.end
    if any(np.array([sum(self.board[:,i]) for i in range(3)])==-3):
        self.end=True
        self.winner=-1
        return self.end
    diag1=sum([self.board[i, i] for i in range(3)])
    diag2=sum([self.board[i, 3-1-i] for i in range(3)])
    if max(abs(diag1),abs(diag2))==3:
        self.end=True
        self.winner=\
        np.select([diag1==3 or diag2==3,diag1==-3 or diag2==-3],
                        [1, -1])
        return self.end
    if sum(self.board.reshape(-1)==0)==0:
        self.end = True
        self.winner=0
        return self.end
    self.end = False
    return self.end


def Next(self, i, j, symbol): #把player符号放入3x3数据阵
    new = STATE()
    new.board = np.copy(self.board)
    new.board[i, j] = symbol
    return new

def Print(self):
    D=self.board.reshape(-1)
    F=np.array(['_']*9)
    for i in range(9):
```

```
         F[i]=np.select([D[i]==1,D[i]==-1],['O','X'],'_')
      M=F.reshape((3,3))
      print(M)
```

下面的代码是两个得到初始值的函数：

```
def IAS(Now_S, player_id, all_S):
    for i in range(3): #行
        for j in range(3): # 列
            if Now_S.board[i][j] == 0:
                new_S = Now_S.Next(i, j, player_id) #赋值函数
                New_hash=hash(tuple(new_S.board.reshape(-1)))
                if New_hash not in all_S.keys():
                    new_S.End()
                    all_S[New_hash] = new_S
                    if not new_S.end:
                        IAS(new_S, -player_id, all_S)

def All_S():
    player_id=1
    Now_S = STATE()
    all_S = dict()
    hash_num=hash(tuple(Now_S.board.reshape(-1)))
    all_S[hash_num] = Now_S
    IAS(Now_S, player_id, all_S)
    return all_S
```

下面的代码是关于机器人的 class：

```
import pickle
class AI:
    def __init__(self, step = 0.1):
        self.all_S = all_S
        self.est = dict()
        self.step = step
        self.states = []

    def reset(self):
        self.states = []

    def setID(self, ID):
        self.ID = ID
        for Hash in self.all_S.keys():
            state = self.all_S[Hash]
```

```
            if state.end:
                if state.winner == self.ID:
                    self.est[Hash] = 1.0
                else:
                    self.est[Hash] = 0
            else:
                self.est[Hash] = 0.5

    def Add_S(self, state):
        self.states.append(state)

    def Reward(self, point):
        if len(self.states) == 0:
            return
        self.states = [hash(tuple(state.board.reshape(-1)))\
for state in self.states]
        target = point
        for latest_S in reversed(self.states):
            value = self.est[latest_S] + self.step *\
(target - self.est[latest_S])
            self.est[latest_S] = value
            target = value
        self.states = []

    def Action(self):
        state = self.states[-1]
        next_Ss = []
        next_Ps = []
        for i in range(3):
            for j in range(3):
                if state.board[i, j] == 0:
                    next_Ps.append([i, j])
                    next_Ss.append(hash(tuple(state.Next(i, j,
                                    self.ID).board.reshape(-1))))
        values = []
        for Hash, pos in zip(next_Ss, next_Ps):
            values.append((self.est[Hash], pos))
        values.sort(key=lambda x: x[0], reverse=True)
        action = values[0][1]
        action.append(self.ID)
        return action

    def Save(self, file='Actor'):
        fw = open(file + str(self.ID), 'wb')
```

```
        pickle.dump(self.est, fw)
        fw.close()

    def Load(self, file='Actor'):
        fr = open(file + str(self.ID),'rb')
        self.est = pickle.load(fr)
        fr.close()
```

下面的代码是关于奖惩的 class:

```
class Referee():
    def __init__(self, actor1, actor2, feedback=True):
        self.p1 = actor1
        self.p2 = actor2
        self.feedback = feedback
        self.player_id = None # currentPlayer
        self.p1_id = 1
        self.p2_id = -1
        self.p1.setID(self.p1_id)
        self.p2.setID(self.p2_id)
        self.Now_S = STATE() #currentState
        self.all_S = all_S

    def Rewarding(self):
        if self.Now_S.winner == self.p1_id:
            self.p1.Reward(1)
            self.p2.Reward(0)
        elif self.Now_S.winner == self.p2_id:
            self.p1.Reward(0)
            self.p2.Reward(1)
        else:
            self.p1.Reward(0.1)
            self.p2.Reward(0.5)

    def Adding_S(self):
        self.p1.Add_S(self.Now_S)
        self.p2.Add_S(self.Now_S)

    def reset(self):
        self.p1.reset()
        self.p2.reset()
        self.Now_S = STATE()
        self.player_id = None
```

```python
def play(self, Print=False):
    self.reset()
    self.Adding_S()
    while True:
        # set current player
        if self.player_id == self.p1:
            self.player_id = self.p2
        else:
            self.player_id = self.p1
        [i, j, ID] = self.player_id.Action()
        self.Now_S = self.Now_S.Next(i, j, ID)
        if Print:
            self.Now_S.Print()
        hashValue = hash(tuple(self.Now_S.board.reshape(-1)))
        self.Now_S = self.all_S[hashValue]
        self.Adding_S()
        if self.Now_S.end:
            if Print:
                self.Now_S.Print()
            if self.feedback:
                self.Rewarding()
            return self.Now_S.winner
```

下面是训练函数的代码：

```python
def Train(epochs=10):
    actor1 = AI()
    actor2 = AI()
    ref = Referee(actor1, actor2)
    actor1Win = 0.0
    actor2Win = 0.0
    for i in range(epochs):
        if i%500==0:
            print('Epoch: {}/{}'.format(i,epochs))
        winner = ref.play()
        if winner == 1:
            actor1Win += 1
        if winner == -1:
            actor2Win += 1
        ref.reset()
    print(f'actor1_win: {actor1Win}/{epochs}={actor1Win/epochs}')
    print(f'actor2_win: {actor2Win}/{epochs}={actor2Win/epochs}')
    actor1.Save()
    actor2.Save()
```

下面是测试函数的代码:

```python
def Testing(turns=10):
    actor1 = AI()
    actor2 = AI()
    ref = Referee(actor1, actor2, False)
    actor1.Load()
    actor2.Load()
    actor1Win = 0.0
    actor2Win = 0.0
    for i in range(turns):
        print("Epoch", i)
        winner = ref.play()
        if winner == 1:
            actor1Win += 1
        if winner == -1:
            actor2Win += 1
        ref.reset()
    print(actor1Win / turns)
    print(actor2Win / turns)
```

下面是真人 class 的代码:

```python
class Human:
    def __init__(self):
        self.ID = None
        self.Now_S = None  #currentState
        return
    def reset(self):
        return
    def setID(self, ID):
        self.ID = ID
        return
    def Add_S(self, state):
        self.Now_S = state
        return
    def Reward(self, point):
        return
    def Action(self):
        board = int(input("Input your position:"))
        board -= 1
        i = board // int(3)
        j = board % 3
        if self.Now_S.board[i, j] != 0:
            print('Your position is occupied; input again please.')
```

```
        return self.Action()
    return (i, j, self.ID)
```

下面是真人和机器人玩井字游戏函数的代码:

```
def Play():
    First=input("Move first? (Y/N)")
    while True:
        if First.upper()[0]=='Y':
            actor2 = AI()
            actor1 = Human()
            ref = Referee(actor1, actor2, False)
            actor2.Load()
        else:
            actor1 = AI()
            actor2 = Human()
            ref = Referee(actor1, actor2, False)
            actor1.Load()
        winner = ref.play(True)
        if winner == actor2.ID:
            if First.upper()[0]=='Y':
                print("Robot win!")
            else:
                print('You win!')
        elif winner == actor1.ID:
            if First.upper()[0]=='Y':
                print("You win!")
            else:
                print('Robot win!')
        else:
            print("Tie!")
        Y_N=input("Play again? (Y/N)")
        if Y_N.upper()[0]=='Y':
            Play()
        else:
            print('See you later!')
        break
```

1.3 强化学习的基本概念

在初次遇到这一节的基本概念和术语时, 可能很难理解, 这没有关系, 不要死记硬背. 它们会在后面内容中反复以各种形式出现, 通过重复, 特别是在例子中不断重复, 这些概念会变得简单易懂. 如同在音乐中一个旋律反复以不同形式出现使得音乐越听越熟悉一样.

强化学习 (reinforcement learning, RL) 的目标是通过学习和试错学会一个最优策略. 随着时间的推移及经验的积累, 采取最大化预期总奖励的行动. 由于事先不清楚哪些行动会带来更高的回报, 必须从实践经验中学习. 需要重复试错并观察哪些行动或如何选择行动能够给我们更多的奖励. 此外, 一开始并不知道何时给予奖励. 这些奖励可能会立即提供, 也可能会在我们采取行动后的几个时间步骤后提供. 因此, 需要一个动态模型框架来捕捉这两个特征: 试错并搜索延迟奖励.

类似于强化学习的目标在博弈论、控制论、运筹学、信息论、基于仿真的优化、多智能体系统、群体智能和统计学等许多学科中都有研究. 在运筹学和控制论领域的文献中, 强化学习被称为近似动态规划或神经动态规划. 人们在强化学习中感兴趣的问题也在最优控制理论中得到了研究, 该理论主要关注最优解的存在和表征, 及其精确计算的算法. **但所有这些研究往往过多关注在具有精确数学假定的环境下的优化, 而较少关注在缺乏数学模型的环境中的学习或逼近. 而数据驱动的强化学习却主要关注那些实际世界中很难用数学模型来描述的决策过程.**

1.4 马尔可夫决策过程的要素

基本的强化模型可以描述为**马尔可夫决策过程** (Markov decision process, MDP). 之所以使用定语 "马尔可夫", 是因为其与马尔可夫链一样具有 (当前状态下未来独立于过去的) 马尔可夫性 (在 2.1.1 节介绍), MDP 试图仅根据当前状态提供的信息来预测结果, 因此是一个序贯决策过程. 然而, MDP 结合了行动和动机的特征. 在过程中的每一步, 决策者都可以选择在当前状态下采取行动, 从而使模型进入下一步并为决策者提供奖励.

MDP 由两个互动的基本元素组成: **代理** (agent) (也称为**智能代理** (intelligent agent)、**参与者** 或**演员** (actor) 等) 和**环境** (environment). 代理是学习者或决策者. 在 MDP 中, 代理与环境互动. 代理选择一个**行动** (action) (也称为**行为、操作**等) 并观察它采取行动后环境中发生的情况. 然后, 它会收到相应于行动和**状态** (state) 的**奖励** (reward). 代理多次重复与环境互动并了解在每个状态下什么行动是最佳的.

综上所述, 马尔可夫决策过程的要素为 (后面还将会较正式地介绍):

- **代理**: 代理可以是动物、机器人或者仅仅是一个函数或计算机程序, 也可以是一个包含多个系统或代理的集合. 代理在环境中执行所请求的任务或操作以获得一些奖励.
- **环境**: 代理执行其操作的场景或世界. 它使用代理的当前状态和操作作为输入, 使用代理的奖励和下一状态作为输出.
- **状态** (或代理所处的状态): 代理在环境中的处境或情况, 有当前和未来 (或下一个) 状态. 通常用 $\{s \in S\}$ 表示在状态空间 S 中的状态 s. 状态空间 S 可能是有穷的, 也可能是无穷的; 状态的值域可能是连续的, 也可能是离散的. 时刻或步骤 t 的状态往往用 s_t 表示. 在不强调特定时刻 t 的时候, 也习惯用 s 和 s' 分别表示目前状态和下一个状态.
- **行动**: 由代理为获得奖励而选择和执行的决策. 通常用 $\{a \in A\}$ 表示, 这里的 A 为代理行动空间 (为强调行动是基于状态 s 的, 行动空间也表示为 $A(s)$). 行动空间可能是有穷的, 也可能是无穷的; 行动空间的值域可能是离散的, 也可能是连续的.
- **奖励**: 由于行动 a 从状态 s 到状态 s' 的转移而获得的回报或反馈 (可正可负), 通常用函数 (投影 $S \times A \times S \mapsto \mathbb{R}$) 形式 $R_a(s, s')$、$r(s, a)$ 或 $r(s, a, s')$ 来表示. 奖励是代理执行特定操作或任务时收到的即时回报. 在步骤 t, 可用 $r_{t+1} = r(s_t, a_t, s_{t+1})$ 表示在状态

s_t 时采取行动 a_t 转移到状态 s_{t+1} 时得到的即时奖励.

- **策略 (policy)**: 代理状态到行动的映射 $S \mapsto A$. 策略用于在一个给定状态选择行动, 往往用 $\pi(s, a)$ (作为联合密度)、$\pi(a|s)$ (作为条件概率密度) 或函数 $a = \pi(s)$ 表示.
- **价值 (value)**: 代理通过在给定状态下采取行动获得的未来奖励, 即 "延迟奖励". 价值通常记为长期奖励总和 (或总平均) 等度量的期望形式. 通常, 从状态 s 出发导致的期望价值称为 **V 价值** (或**状态价值**、**V 值**、**V 函数**、**V 价值函数**等等), 可记为 $v(s)$ 或 $V(s)$; 而状态 s 采取行动 a 导致的期望价值称为 **Q 价值** (或**行动价值**、**状态行动价值**、**Q 值**、**Q 函数**、**Q 价值函数**等等), 可记为 $q(s, a)$ 或 $Q(s, a)$.
- **情节 (episode)** [6]: 一系列行动的状态转移轨迹, 是一个序列. 情节的长度称为**视界** (horizon). 如果该序列有穷, 则称该区间的视界有穷. 情节也称为**情景**、**集**、**组**、**群**、**插曲**、**片段**、**节**等等.

强化学习的目的是让智能代理学习最优策略或接近最优的策略, 以最大化最终的累积奖励来度量. 对于一个基本的以离散时间步长与其环境交互的强化学习代理, 图 1.4.1 是 MDP 的形式化. 在时间 t, 处于状态 s_t 的智能体从行动空间中选择一个行动 a_t, 环境从状态空间返回一个新的状态 s_{t+1}. 然后, 代理根据起始状态、采取的行动和后续状态接收奖励 r_{t+1}. 强化学习代理的目标是学习一个策略或投影: $\pi : A \times S \to \mathbb{R}$, 使得预期累积奖励最大化. 策略 π 可根据不同情况记为 $\pi(a|s) = P(a_t = a \mid s_t = s)$ 或者 $\pi_t(a, s)$ 等形式. 注意, 虽然策略往往用概率形式表示, 但通常写不出封闭的解析式, 只能体现在算法的程序代码中.

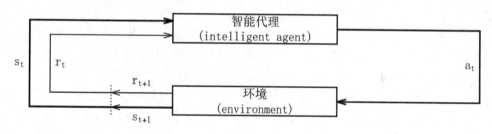

图 1.4.1   强化学习的过程

将问题表述为 MDP 的方式实际上假设了代理直接观察到当前环境状态, 这时的问题被称为具有完全可观察性. 如果智能代理只能访问状态的子集, 或者观察到的状态包含了噪声, 则称该智能代理具有部分可观察性, 形式上表述为部分可观察马尔可夫决策过程. 在这两种情况下, 可以对代理可用的行动集合 A 予以约束.

1.5   作为目标的奖励

上面谈到, 代理的目标是从长远来看最大化其预期获得的奖励. 如果用 $r_{t+1}, r_{t+2}, \ldots$ 表示在时间步 t 之后收到的奖励序列, 那么我们希望最大化这个序列的哪个方面? 一般来说, 我们寻求最大化**期望回报** (expected return), 记为 R_t, 被定义为奖励序列的某个特定函数. 在最简单的有限视界 T 的情况下 $(t \leqslant T)$, 回报是奖励的总和:

$$R_t = r_{t+1} + r_{t+2} + \cdots + r_T. \tag{1.5.1}$$

---

[6] 英文 episode 源于文学或戏剧领域, 指作为一个大序列组成部分的单个或一组事件, 可翻译成轨迹、历史、推出、情景、情节、集、组、群、片段等等. 本书使用 "情节" 是避免跟常用词混淆.

这种方法在 $T < \infty$ 时的应用程序中是有意义的, 也就是说, 代理-环境互动自然地分成子序列的情况, 这些子序列称为**情节**. 情节的例子包括游戏、穿越迷宫等在有限步会结束的情况. 每个情节都以称为**终端状态**或**终止状态** (terminal state) 的特殊状态结束, 然后重置为标准起始状态或起始状态的标准分布中的样本. 具有此类情节的任务称为**情节任务** (episodic task). 例 1.1 和例 1.2 都属于情节任务. 由于情节任务可以在有限步达到终止状态, 可以收集从头到尾的某次探索数据, 因此相对比较简单.

在情节任务中, 有时需要将所有非终结状态的集合 (表示为 S) 与所有状态加上终结状态的集合 (表示为 S^+) 区分开来, 可能还要把达到终结时的奖励区别对待.

在许多情况下, 代理与环境的互动不会自然地分成可识别的情节, 而是无限地持续进行. 这将是制定连续过程控制任务或应用于具有长寿命的机器人的自然方式. 我们称这些为**连续任务** (continuing task). 回报公式 (1.5.1) 对于连续任务是有问题的, 因为最后的时间步长是 $T = \infty$, 而试图最大化的期望回报本身很容易是无限的. 因此, 通常使用在概念上稍微复杂但在数学上更简单的回报定义.

这里需要的附加概念是**折扣** (discount). 根据这种方法, 代理尝试选择行动, 以使其在未来收到的折扣奖励的总和最大化. 在这种情况下, 如下定义预期**折扣回报** (discounted return):

$$R_t = r_{t+1} + \gamma r_{t+2} + \gamma^2 r_{t+3} + \cdots = \sum_{k=0}^{\infty} \gamma^k r_{t+k+1}, \tag{1.5.2}$$

其中, $0 < \gamma \leqslant 1$, 称为**折扣率** (discount rate). 强化学习的目的是选择使得折扣回报 R_t 最大的策略.

折扣率决定了未来奖励的现值: 在未来 k 时间步内收到的奖励的价值仅为立即收到的价值的 γ^{k-1} 倍. 如果 $\gamma < 1$, 则只要奖励序列 $\{r_t\}$ 是有界的, 无限和就具有有限值. 如果 $\gamma = 0$, 则意味着代理是 "近视的", 只关心最大化即时奖励: 在这种情况下, 它的目标是学习如何选择 a_t 以便只最大化 r_{t+1}. 如果代理的每个行动碰巧只影响即时奖励, 而不影响未来奖励, 那么近视代理可以通过分别最大化每个即时奖励来最大化式 (1.5.2). 但一般而言, 最大化即时回报的行动会减少未来获得可能更高回报的机会, 因此实际上可能会降低回报. 随着 γ 接近 1, 目标更强烈地考虑未来奖励: 代理变得更有远见.

读者可能已经注意到, 无论是式 (1.5.1) 还是式 (1.5.2) 都涉及未来的状态、决策和奖励, 这些涉及尚未发生的未来事件的度量在 t 时刻是不知道的, 要想在强化学习中, 特别是在无限视界 ($T = \infty$) 的情况下估计及计算这些未来的值以估计累积奖励 R_t, 并寻找使其最大化的策略是一个很重要的问题和挑战.

1.6 探索与开发的权衡

1.6.1 探索与开发

探索 (exploration) 和**开发** (exploitation) 的思想是设计**权宜** (expedient) 强化学习系统的核心. 权宜一词是**学习自动机** (learning automata) 理论的术语, 代表智能代理或自动机学习随机环境动态的系统. 换句话说, 代理要学习一种在随机环境中做出比纯粹随机选择要好的行动策略.

在训练智能代理在随机环境中学习时, 探索和开发的挑战会立即出现. 为了最大化其奖励, 代理通常会重复它过去尝试过的产生 " 有利 " 奖励的操作 (这是开发). 但是, 为了找到这些导致奖励的行动, 代理必须从一组行动中抽样并尝试以前未选择的不同行动 (这是探索). 这个想法是从行为心理学中的**效果定律 (law of effect)** 很好地发展出来的, 其中代理加强了产生奖励的行为的心理联系. 同时代理还必须尝试以前未选择的操作, 否则它将无法发现更好的行动.

探索过程是代理从一组行动中 (往往是随机) 抽样, 以获得更好的奖励. 而开发是代理利用它已经知道的东西重复导致有利的长期回报的行动. 设计强化学习系统时出现的关键挑战是在探索和开发之间权衡利弊. 在随机环境中, 必须对行动进行足够好的抽样才能获得预期的奖励估计. 一般来说, 一个只追求探索或只追求开发的代理注定不是权宜之计. 它往往比纯粹的随机代理更糟糕.

1.6.2 强化学习中的优化和其他学科的区别

探索往往是随机的, 但开发则基于不同的对象而面对各种不同的选择. 但即使状态是可观察的, 问题基本上仍是利用过去的经验来找出哪些行动会导致更多的累积奖励. 这些经验往往是在强化学习早期阶段的探索过程中获得的. 要想得到最优策略, 首先需要对 " 最优 " 做出度量. 衡量最优性时有很方式.

强化学习位于许多科学学科的交叉点, 例如, 最优控制 (工程)、动态规划 (运筹学)、奖励系统 (神经科学) 及古典或操作性条件反射 (心理学). 所有这些不同的领域都有如何做出最优序贯决策的问题, 也就是强化学习的问题. 但强化学习除了没有某些学科所特有的 (往往是脱离实际) 的对问题的主观数学假定之外, 与其他优化方法及有监督机器学习有下面几个不同点:

- **缺乏 " 监督者 "**: RL 的主要特征之一是没有监督者或标签来告诉我们要采取的最佳行动, 只是某些行动比另外一些行动多些奖励而已. 例如, 对于一个试图走迷宫的代理, 不知道什么路径是最优的, 当它走不通时会收到一些信号来指导随后的行动.
- **延迟的反馈**: 这体现在行动的效果可能不会立即完全可见, 但可能会在许多步骤之后严重影响奖励. 比如行走机器人走路的速度快可能使其尽快接近目标, 但也可能使其跌倒. 这使得很难给某些行动做出正面评价 (或信用) 并强化一个看上去好的行动, 因为其影响可能在许多步骤和许多行动之后才能发现, 这也称为 " 信用分配问题 " (credit assignment problem).
- **序贯决策**: 在 RL 中步骤或时间很重要, 做出行动决定的顺序将决定你走的路及最终的结果, 每一步的决策都是根据当时的状态和奖励等因素来决定的.
- **行动影响观察**: 智能代理在学习过程中所做的观察或反馈并不是真正独立的. 实际上, 它们是代理基于其过去的观察做出的决策, 是代理已经采取行动的函数. 这区别于诸如监督学习之类的范例, 那里的训练示例通常被假定为互相独立, 或至少独立于处于学习状态的代理的行动.

这些都是强化学习与其他分支不同的关键特征, 并使其成为各种应用领域的强大而又具有竞争力的学习模型.

1.7 本书将会讨论和运算的一些例子

这一节给出了本书将会讨论和运算的一些例子并介绍这些例子的环境及目标, 除了例 1.7 之外, 本章对其他例子并没有介绍如何去着手, 而是将其留在后面的章节去讨论. 这会给读者以无穷的想象空间. 每个例子都有很多种解决方法.

1.7.1 例 1.3 格子路径问题

例 1.3 说明 RL 概念的矩阵格例子. 考虑一个有 16 个状态 (格子) 的环境 (见图 1.7.1). 假定代理从除了左上角和右下角之外的任何一个状态出发, 有四种可能的行动 (方向): E (东)、W (西)、S (南)、N (北); 如果移动方向受阻 (到达边缘), 则代理保持在相同的状态中不动, 否则移到下一个状态. 如果到达左上角 (标以 "Gold") 或者右下角 (标以 "Bomb") 则结束这一次有穷情节. 这里的奖励是, 每走一步 $r_t = -1$, 但走到左上角则获得额外附加的奖励 RW(环境代码中设的 RW=30), 而走到右下角则得到额外的惩罚 (环境代码设为 -2RW). 我们的目的是: 代理从任何一个状态 (格子) 开始如何学习到尽快走到左上角 (避免走到右下角) 位置的策略?

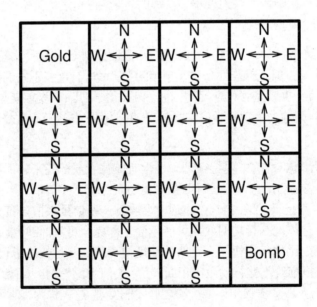

图 1.7.1 例 1.3 环境

目前至少可以考虑下面的问题:

- 状态空间是什么?
- 行动空间是什么?
- 奖励的公式 $r(s, a, s')$ 是什么? 式 (1.5.1) 中的 R_t 是什么?
- 策略 $\pi(a|s)$ 可以自己确定. 什么是最优策略? 如何寻求最优策略? 最优策略是不是唯一的?
- 从每个状态采取不同行动的未来延迟奖励是不同的. 如何计算这些依赖于不同策略的延迟奖励 (也就是价值)?

例 1.3 相关的问题

关于在例 1.3 中提出的问题, 目前最容易回答的是:

1. 状态空间为这 16 个格子, 如果作为矩阵的话, 可以用 4×4 矩阵的元素来表示, 比如下标集合 (i, j) $(i, j = 0, 1, 2, 3)$.

2. 对于每个非左上角或右上角的状态 s, 行动空间 $A(s)$ 都是 S (南)、W (西)、N (北)、E (东) 4 个方向 (自然也可以用下、左、上、右或代码中的 0、1、2、3 等方式表示). 由于左上角或右上角状态是终止状态, 因此不会有行动.

3. 奖励的公式显然为 (以矩阵下标作为状态标识):

$$r(s, a, s') = \begin{cases} -1, & a: s \mapsto s'; \ s' \notin \{(0,0), (3,3)\}, \\ -1 + \mathrm{RW} = 29, & a: s \mapsto s'; \ s' = (0,0), \\ -1 - 2\,\mathrm{RW} = -61, & a: s \mapsto s'; \ s' = (3,3). \end{cases}$$

4. 策略 $\pi(a|s)$ 显然是可以自己确定的, 一种是在每个状态采取行动完全是随机的, 即 a 各自以 1/4 概率随机取 4 个方向:

$$\pi(a|s) = 1/4, \ \ \forall a \in A(s), s \in S.$$

显然这不会是最好的. 下面的策略应该是最优的 (在该 4×4 状态矩阵中, 对于用下标表示的状态 $s \notin \{(0,0), (3,3)\}$):

- 只要 $s = (i, j)$ 既不在第一行也不在第一列 $(i, j \neq 0)$, 则行动 $a =$"N" (北) 或 $a =$"W" (西) 都是最优的 (并不唯一).
- 只要 $s = (i, j)$ 在第一列 $(j = 0)$, 则行动 $a =$"N" (北) 最优.
- 只要 $s = (i, j)$ 在第一行 $(i = 0)$, 则行动 $a =$"W" (西) 最优.

注意: 上面的最优策略是我们凭经验直接得出的, 而不是学习来的, 我们将通过随机探索来学习这个最优策略.

5. 延迟奖励依赖于采取的策略. 比如, 用第 4 条中的随机策略, 每次序贯行动序列 (即情节) 生成的延迟奖励都与得到的奖励与次数 T, 以及终点是 $(0, 0)$ 还是 $(3, 3)$ 有关. 一般用下面的公式来表示一个视界为 T 的情节的累积奖励 (即式 (1.5.1) 或者 $\gamma = 1$ 的式 (1.5.2)) 这里的 t 实际上应该对每一个状态从头算起, 因此 T 对于不同的状态不同.

$$R_t = r_{t+1} + r_{t+2} + \cdots + r_T.$$

在探索学习中, 仅仅一个情节的训练远远不够, 必须训练很多遍, 而且记录下在每个状态 s 所得的各个情节累积奖励的均值.

例 1.3 环境的代码

前面讲到的格子路径问题本身可以用一个环境 class 表示:

```
class Gridworld():
    def __init__(self):
        self.nA=4
        self.nS=16
        S=[];k=0;D={}
```

```
        for i in range(4):
            for j in range(4):
                S.append((i,j))
                D[k]=(i,j)
                k+=1
        self.state_space=D
        self.action_space=np.arange(4)
    def reset(self): # 随机生成状态
        self.s=self.state_space[np.random.choice(np.arange(1,15))]
        return self.s
    def step(self, a,s=None):
        if s==None: s=self.s
        if s==(3,3) or s==(0,0):
            return None
        d=self.nA
        r_T=30
        G=-np.ones((d,d))
        G[0,0]=G[0,0]+r_T;G[d-1,d-1]=G[d-1,d-1]-r_T*2
        A=np.array([0,1,2,3])# A=np.array(['s','w','n','e']) 东西南北
        s1=np.array(s)
        if a==1:
            s1[1]=s1[1] if s1[1]==0 else s1[1]-1
        elif a==3:
            s1[1]=s1[1] if s1[1]==G.shape[0]-1 else s1[1]+1
        elif a==2:
            s1[0]=s1[0] if s1[0]==0 else s1[0]-1
        else:
            s1[0]=s1[0] if s1[0]==G.shape[0]-1 else s1[0]+1
        if tuple(s1)==(3,3) or tuple(s1)==(0,0):
            done=True
        else:
            done=False
        return tuple(s1),G[tuple(s1)],done
```

下面的代码显示了该环境的一些要素：

```
env=Gridworld();env.reset();a=np.random.randint(4)
print(f'State Space ({env.nS} elements): {env.state_space}')
print(f'Action Space ({env.nA} elements): {env.action_space}')
print(f'Random no-terminate state: env.reset() may =>  env.s={env.s}')
print(f'Action "env.step(a)": s1,r,done={env.step(a)}')
```

输出为：

```
State Space (16 elements): {0: (0, 0), 1: (0, 1), 2: (0, 2), 3: (0, 3),
4: (1, 0), 5: (1, 1), 6: (1, 2), 7: (1, 3), 8: (2, 0), 9: (2, 1),
10: (2, 2), 11: (2, 3), 12: (3, 0), 13: (3, 1), 14: (3, 2), 15: (3, 3)}
Action Space (4 elements): [0 1 2 3]
Random no-terminate state: env.reset() may =>  env.s=(2, 0)
Action "env.step(a)": s1,r,done=((3, 3), -61.0, True)
```

如果环境 env=Gridworld, 则前面各个代码的意义为:

- env.state_space 为一个 dict, 代表 16 个状态组成的空间.
- env.action_space 为一个 list, 代表 4 个可能的行动, 其中 0、1、2、3 分别代表往下、往左、往上、往右 (为容易记忆: 从 "往下" 开始顺时针的 4 个行动方向).
- env.reset() 等于随机给出的当前非终点状态, 并赋之以 env.s.
- env.step(a,s) 给出在状态 s (默认状态 env.s) 采取行动 a 时的 3 个结果: (1) 下一个状态; (2) 即时奖励; (3) 是否到达终止状态. 比如代码 env.step(0,(2,3)) 的结果为 ((3, 3), -61.0, True).
- env.s: 当前状态.
- env.nS: 状态空间元素个数.
- env.nA: 行动空间元素个数.

1.7.2　例 1.4 出租车问题

例 1.4　这项任务说明分层强化学习 (hierarchical reinforcement learning) 中的一些问题. 该环境在程序包 gym 中用 env = gym.make("Taxi-v3") 引入. 其代理为一个出租车司机, 必须在 5×5 网格 (矩阵) 上接送乘客. 有 6 种可能的操作: 最多 4 个移动方向 (但不能违规越过实线和边界) 及上下车. 接客、下车和出租车位置均为随机选择的. 4 个可能的接客 (获得 1 积分 (+1), 如果已经在出租车上) 和下车位置 (在面板的侧面) 导致共有 $25 \times 5 \times 4 = 500$ 种状态. 环境有 4 个用不同的字母 (R、G、Y、B 4 个字母) 标记的位置, 司机的工作是在一个地方接乘客, 然后把他送到另一个地方. 成功下车会获得 20 积分 (+20), 每走一步, 司机就会损失 1 积分 (−1). 非法接送行为也会受到 10 积分的处罚 (−10).

在软件自带的点图中, 如果字母显示了某种颜色, 说明有乘客等待, 如果出租车是空的则显示黄色, 有客则为绿色. 图 1.7.2 显示了 6 种随机生成的状况. 图 1.7.2 是由下面的代码生成的 (包含装载有关程序包的程序), 输出还可以包括环境中行动空间数目 (6) 和观测的状态空间数目 (500) (env.action_space.n, env.observation_space.n).

```
import numpy as np
import gym
import matplotlib.pyplot as plt
import torch
from collections import defaultdict
from tqdm import tqdm
```

```
env = gym.make("Taxi-v3")
num_actions, num_states = env.action_space.n, env.observation_space.n

env.reset()
env.render()
```

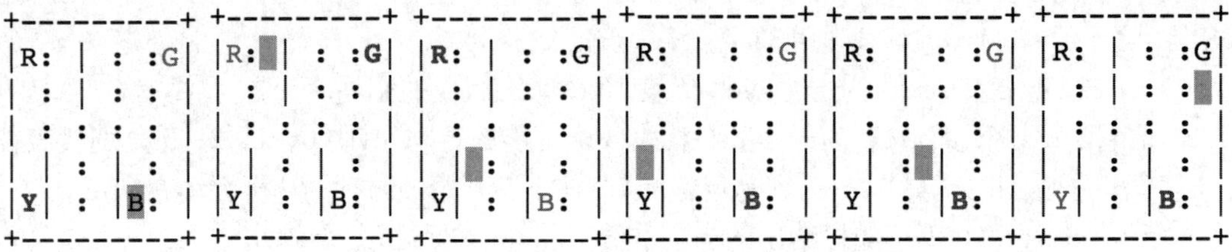

图 **1.7.2** 出租车问题的 **6** 种状况

除了基础代码 np 和 plt 之外, 还有作为工具的缺省 dict defaultdict (生成不受限制的初始 dict), 附带生成进度条的迭代函数 tqdm. 但最核心的是程序包 gym, 它是用于开发和比较强化学习算法的工具包. 它对代理的结构不做任何假设, 并且与任何数值计算程序包兼容, 例如这里引入的 PyTorch (torch) 以及类似的 TensorFlow 或 Theano.

程序包 gym (也译成 "健身房") 是环境 (需要学习的问题或游戏) 的集合, 可以使用它们来制定强化学习算法. 这些环境具有共享接口, 允许编写常规算法.[7]这里选取的环境为出租车问题: env=gym.make("Taxi-v3"), 每个环境有很多要素, 上面仅仅对这个环境的行动空间和状态空间的维数做了赋值.

1.7.3 例 1.5 推车杆问题

例 1.5 推车杆问题. 想象你摊开的手掌上放一个竖直的长杆, 杆的重心不大可能总是落在你的手掌上, 因此它会往某个方向倒. 为了让杆不倒, 你必须往杆倒的方向移动你的手掌, 以让它不倒. 如果你移动得过快, 杆可能往相反方向倒, 如果移动得太慢, 杆可能会在原来倒的方向继续倒. 一个人要保持杆不倒, 可能要经过训练, 对于机器来说也是一样.

手掌可以在三维空间移动, 以保持杆竖直不倒, 我们把这个问题简化为只能在一维空间移动的情况, 这就是推车杆 (cart pole) 问题. 图 1.7.3 就是示意图.

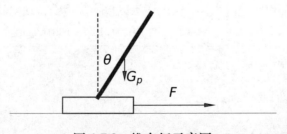

图 **1.7.3** 推车杆示意图

---

[7]OpenAI gym 是一个用于开发和测试学习代理的环境. 它专注于并且最适合强化学习代理, 但不限制尝试其他方法, 例如硬编码游戏求解器/其他深度学习方法. 任何人都可以把自己设计的环境上传到 gym. 关于该集合的各种环境和更多信息, 可访问网站 https://github.com/openai/gym 及其延伸链接.

这里的杆 (也称为倒立摆) 的轴固定在一个可沿着轨道左右无摩擦移动的推车 (或滑块) 上, 杆可以围绕固定在车上的一个轴做旋转. 记 g 为重力加速度 (m/s^2), 车子和杆的质量分别记为 m_c、m_p, F 为推车用的力, θ 为杆和竖直方向的夹角, x 为车子在水平线位置的坐标, ℓ 为杆长. 根据力学原理, 如果忽略摩擦力, 则有下面的方程[8]:

$$\ddot{\theta} = \frac{g\sin\theta + \cos\theta\left(\frac{-F - m_p\ell\dot{\theta}^2\sin\theta}{m_p + m_c}\right)}{\ell\left(\frac{4}{3} - \frac{m_p\cos^2\theta}{m_p + m_c}\right)}; \quad \ddot{x} = \frac{F + m_p\ell(\dot{\theta}^2\sin\theta - \ddot{\theta}\cos\theta)}{m_p + m_c}.$$

图 1.7.3 显示了上面公式中的部分参数[9]. 我们的目标是通过对车子用力来移动车子以平衡此杆, 保持杆直立. 强化学习不深究公式的证明, 仅仅是利用公式来作为算法设计的依据. 实际上, 软件 gym 的环境 (env = gym.make('CartPole-v1')) 使用上面公式所描述的力学原理来使学习程序更简单. 推车杆问题的强化学习目的是: 根据环境所反映的杆的物理状态对杆所附的推车实施行动 (施力方向) 来保持杆不倒.

例 1.5 的相关问题和代码表示

我们的推车杆环境 CartPole-v1 使用 OpenAI[10] 中的 Gym. Gym 是一个开源 Python 库, 用于开发和比较强化学习算法, 通过提供标准 API 在学习算法和环境之间进行互动, 同时提供符合该 API 的标准环境集. 自发布以来, Gym 的 API 已成为执行此操作的现场标准. 任何人都可以对 Gym 提供自己贡献的环境.

该环境有以下要素 (括号中的英文为常用代码符号, 仅供参考):

- 状态空间为实数值 4 维向量空间 ($\mathbb{R}^4$), 一个状态向量 $(x, \dot{x}, \theta, \dot{\theta})$ 有 4 个元素, 它们的含义如下:
  - x 为横轴坐标 (理论上 $x \in (-4.8, 4.8)$, 实际上当 $x \notin (-2.4, 2.4)$ 时就会终止).
  - $\dot{x}$ 为速度 ($\dot{x} \in (-\infty, \infty)$).
  - θ 为角度 (理论上 $\theta \in (-0.418, 0.418)$ 或 $(-24°, 24°)$, 实际上当 $\theta \notin (-0.2095, 0.2095)$ 或 $(-12°, 12°)$ 时就会终止).
  - $\dot{\theta}$ 为角速度 ($\dot{\theta} \in (-\infty, \infty)$).
- 行动空间是由 0 和 1 组成的集合 ($\{0, 1\}$), 取值 0 或 1 分别意味着对推车向左或向右施力.
- 奖励: 由于目标是尽可能长时间地保持杆直立, 因此在不倒的每一步 (包括终止步骤) 都奖励 +1. 奖励门槛为 475.
- 如果下面条件之一出现, 则 done=True, 而且游戏停止 (即一个情节结束):
  - 倾斜太大, 或 $\theta \notin (-0.2095, 0.2095)$ (超出 $\pm12°$). 这时情节终止或 "环境赢".
  - 推车到了屏幕边缘, 或 $x \notin (-2.4, 2.4)$. 这时情节终止或 "环境赢".
  - 采取行动次数超过 500 次, 即 500 次中 "环境都没有赢", 情节也终止 (500 为软件设置的行动次数限制).

例 1.5 的有关环境的代码

使用下面的代码可以生成随机的推车杆图形 (见图 1.7.4).

---

[8]参见网页: http://coneural.org/florian/papers/05_cart_pole.pdf.
[9]图中 G_p 显示杆受的重力, 力学公式仅涉及其等值的质量 m_p.
[10]https://openai.com/.

```
import gym
import numpy as np
env = gym.make("CartPole-v1")
env.reset()
env.render()
done=False
while not done:
    state, reward,done,_=env.step(env.action_space.sample())
env.close()
```

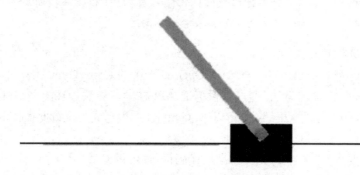

图 1.7.4   程序生成的推车杆图

上面代码的意义为:

- env = gym.make("CartPole-v1") 从载入的包含各种环境的库 gym 中提取推车杆环境(CartPole-v1) 并命名为 env.
- env.reset() 生成随机的状态向量.
- env.render() 为显示图形.
- 在 done=False 后面的循环语句 while not done: 所要做的是: 不断从状态空间 (env.action_space) 中随机抽取行动样本(.sample()), 通过 env.step 函数生成新的状态、获得奖励及是否达到终止状态(外加一个 (通常是) 空的字符串).
- env.close() 清除该环境的垃圾.

下面的代码打印出环境的其他一些内容:

```
print('A state sample:\n',env.observation_space.sample())
observation = env.reset()
print('A random state:\n',observation)
state, reward, done, info = env.step(action=0)
print(f"Results from an action:\n\
state: {state}, \nreward: {reward}, \ndone={done}")
print(f'Current state:\n{np.round(env.state,4)}')
```

输出为:

```
A state sample:
 [-3.2795870e-01 -1.7558638e+38  1.6355219e-01 -5.8930232e+37]
A random state:
 [-0.01717239  0.02894179 -0.01250969 -0.00143907]
Results from an action:
state: [-0.01659355 -0.16599855 -0.01253847  0.28727078],
reward: 1.0,
done=False
Current state:
[-0.0166 -0.166  -0.0125  0.2873]
```

在生成上面输出的代码中:

- env.observation_space.sample() 从状态空间随机抽取一个状态向量样本, 代表物理量 $(x, \dot{x}, \theta, \dot{\theta})$.
- env.reset() 也是随机生成了一个推车杆 4 个状态的向量, 但和前面不同的是, 这个状态成为环境目前的状态 (和例 1.3 类似).
- env.step(action=0) 是基于环境目前状态采取行动 (这里是 action=0) 的函数, 输出值为该行动的后果, 包括行动后环境的 (前面提到的) 要素: (1) 该行动导致的下一个 4 个值状态向量 (代码中的 state, 它成为更新的目前环境状态——这和例 1.3 不同, 那里不更新). (2) 奖惩 (代码中的 reward). (3) done 的取值 (如为 False 表示情节没有终止, 如为 True 则表示终止). (4) 可能的备注信息 (info).
- 最后一行的 env.state 和前面来自函数 env.step(action=0) 的 state 相同, 验证了目前的环境状态的更新.

1.7.4 例 1.6 倒立摆问题

例 1.6 倒立摆 (inverted pendulum) 问题和推车杆问题有点类似, 只不过倒立摆没有 "车", 只有一个可以围绕一个固定轴旋转的 "杆". 如果不施加外力, 那么该杆就像钟摆一样在下面摆来摆去, 但我们希望对在运动中的摆根据其具体状态施加扭矩使其尽量保持竖直状态 (如图 1.7.5 所示), 这也是个强化学习的过程.

倒立摆问题是基于控制理论的经典问题. 更准确地说, 该系统由一端连接到固定点的钟摆组成, 另一端是自由的. 钟摆从一个随机位置开始, 目标是在自由端施加扭矩以使其摆动到直立位置, 使其重心就在固定点的正上方.

图 1.7.5 倒立摆示意图

例 1.6 的相关问题和代码表示

下面关于倒立摆问题的讨论, 依赖于 gym 程序包提供的环境 Pendulum-v1. 和例 1.5 推车杆环境一样, 倒立摆问题属于 OpenAI 3 中的开源 Python 库 Gym. 倒立摆的环境包含以下要素:

- 状态空间为 3 维. 具体来说, 如以摆轴为中心建立横轴 (x 轴) 和竖轴 (y 轴). 杆与 y 轴夹角为 θ (弧度), 记角速度为 $\dot{\theta}$, 则环境状态的观测值为 3 维向量 $(\cos(\theta), \sin(\theta), \dot{\theta})$, 其中 3 个元素的值域分别为 $[-1, 1]$, $[-1, 1]$, $[-8, 8]$.
- 对环境的行动为 1 维的连续变量**扭矩** (torque) τ, 行动空间值域为 $[-2, 2]$.
- 奖励 (reward) 为 $r = -(\theta^2 + 0.1\dot{\theta}^2 + 0.001\tau^2)$, 这里的 $\theta \in [-\pi, \pi]$. 由于 θ 被限于区间 $[-\pi, \pi]$, 最低为 $-(\pi^2 + 0.1 \times 8^2 + 0.001 \times 2^2) = -16.2736044$, 而最高为 0. 目标是以最小的努力把摆保持在零角度 (垂直).
- 是否完成 200 个行动 (done), 取值为 True 或 False.

例 1.6 的有关环境的代码

使用下面的代码可以生成倒立摆图形 (参见图 1.7.5):

```
import gym
import numpy as np
env = gym.make("Pendulum-v1",g=9.81) # g 是重力加速度 默认值为10.0
env.reset()
env.render()
done=False
for i in range(1000):
    while not done:
        state, reward,done,_=env.step(env.action_space.sample())
env.close()
```

上面代码的意义为:

- env = gym.make("Pendulum-v1") 从载入的库 gym 提取名为 Pendulum-v1 的推车杆环境, 并命名为 env.
- env.action_space 代表状态空间.
- env.reset() 生成随机的状态向量.
- env.render() 为显示图形.
- 在 done=False 后面的循环语句 while not done: 表示不断从状态空间中随机抽取行动样本 (.sample()), 并通过 env.step 函数生成新的状态、奖励及确实是否达到终止状态 (外加一个字符串).
- env.close() 清除该环境的垃圾.

下面的代码打印出环境的其他一些内容:

```
print('A state sample:\n',env.observation_space.sample())
observation = env.reset()
print('A random state:\n',observation)
```

```
state, reward, done, info = env.step(action=env.action_space.sample())
print("Results from an action:")
print(f"newstate: {state}, \nreward: {reward}, \ndone={done}")
print('Current state:')
print(np.cos(env.state[0]),np.sin(env.state[0]),env.state[1])
```

输出为:

```
A state sample:
 [-0.27486652  0.8946628   0.55294716]
A random state:
 [ 0.2602576  -0.9655392  -0.38142008]
Results from an action:
 newstate: [ 0.1951226 -0.9807789 -1.3381308],
reward: -1.726820050155461,
done=False
Current state:
(0.19512260222394992, -0.9807788589184384, -1.3381308084959471)
```

在生成上面输出的代码中:

- env.observation_space.sample() 从状态空间随机抽取一个状态向量样本, 代表前面的 $\cos(\theta), \sin(\theta)$ 及 $\dot{\theta}$ 等三个物理量.
- env.reset() 也是随机生成了一个倒立摆三个状态的向量, 这个状态成为环境目前的状态.
- env.step(action=env.action_space.sample()) 是基于环境目前的状态采取行动 (这里是随机行动 action=env.action_space.sample()) 的函数, 输出值为该行动的后果, 包括行动后环境的 (前面提到的) 要素:
  - 该行动导致的下一个 4 个值状态向量, 它成为更新的目前环境状态.
  - 奖惩 (代码中的 reward).
  - done 的取值 (如为 False 表示情节没有终止, 如为 True 则终止).
  - 可能的备注信息 (info).
- 最后一行的 env.state 为当前的 $(\theta, \dot{\theta})$ (2 维) 的第一个元素 (角度 θ) 的余弦和正弦, 以及其第二个元素 (角速度 $\dot{\theta}$) 组成的三元组 $(\cos(\theta), \sin(\theta), \dot{\theta})$ (上面最后一行代码) 和前面来自函数 env.step 结果代表新状态的第一个元素 (三元组) 相同.

　　和例 1.5 推车杆环境的离散行动空间不同, 这里的行动空间是连续的, 后面 3.4.6 节将会使用 DDPG 方法来解决例 1.6 的问题.

1.7.5 例 1.7 多臂老虎机问题

　　下面的例子代表了一类问题. 在一定的数学假定之下, 该问题在计算机出现之前的时代就已经有很多数学研究结果. 由于多臂老虎机问题不如例 1.3、例 1.5 及其各种延伸所代表的问题那么广泛, 因此本书后面的各个章节介绍的内容和此例一般关系不大. 我们只在这一节比较详尽地列举处理多臂老虎机问题的若干算法, 以备需要.

例 1.7 多臂老虎机问题. 独臂老虎机 (one-armed bandit, slot machine) 是赌场中最简单的赌博机器, 有一个杠杆 (臂), 将硬币插入机器之后拉动杠杆可获得即时奖励, 奖励的范围是从零开始到相当高的奖励值, 但平均下来, 所有赌徒最终都会赔钱.

多臂老虎机 (multi-armed bandit) 是有多个杠杆的赌博机器. 在投币后拉动每个杠杆会有一定概率的奖励 (包括零奖励), 但各个杠杆奖励的概率不同 (赌徒对此是未知的). 为了得到尽可能多的收益 (或尽可能减少损失), 就必须做大量的探索, 以找到收益最大的策略 (如找到最有可能得到最多奖励的杠杆). 如果试了几次就只使用奖励相对较多的杠杆 (专注于开发), 可能会忽略有更好奖励前景的杠杆, 如果总是随机探索各个杠杆 (专注于探索), 就和完全随机策略没有区别, 不可能得到最高的奖励. 这就需要在探索及开发之间采取某种平衡. 多臂老虎机的一个关键特征是代理不会通过其行动来修改其环境.[11]

多臂老虎机问题可以推广到很多问题, 这些问题的特点是: 必须在各种竞争 (替代方案) 之间分配固定的有限资源. 做法是以最大化其预期收益的方式进行方案选择. 通常, 每个选择的属性在分配时仅部分已知, 但随着时间的推移或在将资源分配给各种选择的过程中, 可能会学到如何做最优选择.

假设玩 $K \in \mathbb{N}$ 个老虎机, 每场比赛都由 $T \in \mathbb{N}$ 个回合组成. 令 A 为游戏中所有可能行动 (老虎机的臂) 的集合. 由于有 K 个臂可供选择, $|A| = K$. 用 $a_t \in A$ 表示在第 t 时间 (回合) 采取的行动. 每次选择都获得奖励 $r \in \mathbb{R}$. 由同一行动 (臂) $a \in A$ 序贯产生的奖励是独立同分布 (i.i.d) 的, 行动 a 给予奖励 r 的概率分布 $p(\cdot|a)$ 是未知的. 我们用 $q(a)$ 表示相应奖励的期望, 即 $q(a) = E(r|a)$.

对例 1.7 类问题的强化学习是以序贯方式在线实行的. 在时间 $t = 1, 2, \ldots, T$, 代理选择行动 $a_t \in A$ 并得到服从分布 $p(\cdot|a_t)$ 的奖励 r_t. 实际上, 在时间 t 的决定取决于最大化累积奖励 $\sum_{t=1}^{T} r_t$ 的目标. 这里的时间范围 T 称为视界, 视界的大小通常取决于应用, 可以在很大范围变动.

如果某个行动 a 总是被选中, 那么每次行动的预期奖励是 $q(a)$, 相应的累积奖励期望是 $Tq(a)$. 根据大数定律, 当 T 很大时, 这个预期累积奖励接近实际累积奖励. 用 $a^* = \arg\max_{a \in A} q(a)$ 表示在期望奖励方面的最优行动, 类似地, 记 $q^* = \max_{a \in A} q(a)$. 当然, 有可能有若干个最佳行动. 多臂老虎机算法的目标是尽可能快地学习最优行动, 以使累积奖励接近最优 Q 价值 q^*.

本例的设定及代码

本例设定每个动作 (臂) 的奖励是独立同分布的 Bernoulli 分布 $B(p_k)$ $(k = 1, 2, \ldots, K)$ (即 $n = 1$ 的二项分布 $\text{Bin}(1, p_k)$), 也就是说, 在第 k 个机器, 玩一次会以概率 p_k 获得奖励 1 (等价地, 以概率 $1 - p_k$ 得到奖励 0), 或者奖励 $r \sim B(p_k)$. 有

$$q(a) = E(r|a), \ a \in A.$$

奖励分布的参数及其期望值在游戏开始时对于智能代理是未知的, 在下面的代码中设定 $K = 3$.

---

[11] 例如在例 1.3 中每一个行动 a 都有可能改变代理在环境中的状态 s, 而在多臂老虎机中, 行动就是状态本身.

臂的个数以及各个臂奖励的分布类型和后面的方法关系不大. 这里 (以 **class** 形式代码) 设定为 **Bernoulli** 分布, 也可以设定为正态分布等其他分布, 在后面介绍的各种方法中, 不同分布的程序代码基本类似.

```
class BLM:
    # T: the total time, p: vector of Bernoulli p such as (.4,.5,.3)
    def __init__(self, T=1000, p=[.3,.4,.5], seed=1010):
        np.random.seed(seed)
        self.K=len(p)
        self.T=T
        self.bandit={}
        for i in range(self.K):
            self.bandit[i]=[np.random.binomial(1,p[i]) for t in range(T)]
        self.t=0
```

这个基本 **class** 给出了一些默认值, 如视界 T, 若干臂所遵循的 **Bernoulli** 分布参数 p 向量的维数和值等等, 具体的算法在后面逐步加入.

例 1.7 的一些相关度量

评估多臂老虎机算法性能的标准方法是将其累积奖励与最高期望累积奖励 q^*T 进行比较. 具体来说, 我们将任何算法的**遗憾** (regret) 定义为数量

$$\rho \equiv q^*T - \sum_{t=1}^{T} r_t.$$

由于奖励和可能的算法本身的随机性, 遗憾可能是随机的, 因此考虑期望遗憾更方便些.

$$E(\rho) = q^*T - \sum_{t=1}^{T} E[q(a_t)].$$

令 $N_t(a)$ 为到时间 t 时采取行动 a 的次数, 则有:

$$
\begin{aligned}
E(\rho) &= q^*T - \sum_{t=1}^{T}\sum_{a\in A} E[q(a)I_{a_t=a}] = q^*T - \sum_{a\in A} q(a)\sum_{t=1}^{T} E[I_{a_t=a}] \\
&= q^*T - \sum_{a\in A} q(a)E[N_T(a)] = \sum_{a\in A}[q^* - q(a)]E[N_T(a)].
\end{aligned}
\tag{1.7.1}
$$

另一个指标是算法的精度 (precision), 代表选择最优行动的比例:

$$P = \frac{1}{T}\sum_{t=1}^{T} I_{a_t\in a^*} = \frac{N_t(a^*)}{T},$$

这里示性函数使用 $a_t \in a^*$ 而不是 $a_t = a^*$, 是因为最优行动可能不唯一. 更方便的是考虑期望精度

$$E(P) = \frac{E[N_T(a^*)]}{T}.$$

例 1.7 的部分贪婪算法

总是选择至今已知奖励最多的方法是**贪婪** (greedy) 算法. 对于多臂老虎机问题来说, 如果已经有征兆显示某个臂更好, 则使用完全贪婪算法会浪费时间. 因此我们考虑部分贪婪算

法, 即将在 2.4 节介绍的在探索及开发之间采取某种平衡的 ε 贪婪 (ε-greedy) 方法, 其中 ε ($0 \leqslant \varepsilon \leqslant 1$) 是控制探索量与开发量的参数. 以概率 $1 - \varepsilon$ 选择开发, 这时代理选择它认为具有最佳长期效果的行动 (行动之间的联系被随机打破); 或者, 以概率 ε 选择探索, 并且完全随机选择行动. ε 通常 (至少一开始) 是一个固定参数, 但随着时间推移或学习的进步, 减小 ε 的值, 使代理逐渐减少探索并利用已经获得的知识.

具体来说, 如果 $N(a)$ 为行动 a 的试验次数, $Q(a)$ 为行动 a 的估计期望奖励 $q(a)$. 我们将使用下面的步骤来做学习:

- 对所有行动 a 设初始值:

$$N(a) \leftarrow 0,$$
$$Q(a) \leftarrow 0.$$

- 然后对 $t = 1, 2, \ldots, T$ 重复下面的过程 (这里 c 是任选的一个常数):

(1) $\epsilon = \frac{c}{c+t}$.

(2) 以概率 ϵ 随机选择行动, 而以概率 $1 - \epsilon$ 贪婪选择暂时看上去最好的行动:

$$a \leftarrow \begin{cases} \arg\max_a Q(a), & \text{以概率} 1 - \epsilon, \\ \text{从} 1, 2, \ldots, K \text{ 随机选择}, & \text{以概率} \epsilon. \end{cases}$$

(3) $r \leftarrow r(a)$.

(4) $N(a) \leftarrow N(a) + 1$.

(5) $Q(a) \leftarrow Q(a) + \frac{1}{N(a)}(r - Q(a))$.

具体到代码, 把下面一段加入前面的 class MAB 中:

```python
def Greedy(self,c=100):
    N=np.zeros(self.K)
    Q=np.zeros(self.K)
    for t in range(self.T):
        eps=c/(c+t)
        if np.random.uniform()>eps:
            a=np.argmax(Q)
        else:
            a=np.random.randint(self.K)
        r=self.bandit[a][t]
        N[a]+=1
        Q[a]=Q[a]+1/N[a]*(r-Q[a])
    return(N,Q)
```

具体包括画图 (参见图 1.7.6) 的实现代码如下:

```python
Me=BLM()
N,Q=Me.Greedy(c=10)

label=['arm '+x for x in '123']
```

```
plt.figure(figsize=(21,4))
plt.subplot(1,2,1)
plt.barh(width=N,y=range(Me.K))
plt.xlabel('N(a)')
plt.yticks(range(Me.K), label)#, rotation='vertical')
plt.subplot(1,2,2)
plt.barh(width=Q,y=range(Me.K))
plt.yticks(range(Me.K), label)
plt.xlabel('Q(a)')
plt.savefig("MABGreedy.pdf",bbox_inches='tight',pad_inches=0)
```

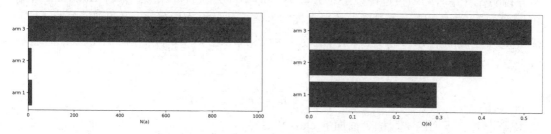

图 1.7.6 例 1.7 多臂老虎机 ϵ 贪婪算法的 $N(a)$ 和 $Q(a)$ 条形图

读者可以在代码 N,Q=Me.Greedy(c=10) 中改变 c 的值. 当 c 很小时 (比如对本例 $c = 0.5$), 结果不稳定, 可能会过早 "粘上" 一个看上去最优 (但不一定最优) 的行动, 这有一些风险. 如果 c 比较大 (比如对本例 $c = 50$), 虽然 (相对于小的 c) 偏爱于某一个行动要迟一些, 但大体上不会错.

例 1.7 的 UCB1 方法

最流行的老虎机算法是基于面对不确定性时的乐观原则. 具体来说, 每个动作都会获得量化奖励分配不确定性的奖励. 人们趋于选择平均奖励加奖金方面的最佳行动.

下面介绍 UCB (源自 upper confidence bound [12]) 方法中的一种 (UCB1). 记

$$\delta_i = c\sqrt{\log t}/N_t(a_i),$$

于是 UCB 方法的原理为寻找最优行动

$$a_t^* = \max_i \arg \left[Q(a_i) + c\frac{\sqrt{\log t}}{N_t(a_i)} \right],$$

即使得 $Q(a_i) + \delta_i$ 最大化的 a_i. 这种 UCB 操作选择的想法是, 平方根项 δ_i 是估计行动 a_i 时不确定性或方差的度量. 因此, 被最大化的量是行动 a_i 的可能真实值的一种上限, 其中 c (在我们的程序中取 $\sqrt{2}$) 确定置信水平. 一方面, 每次选择 a_i 时, 不确定性大概都会减小, 这是因为作为分母的 $N_t(a_i)$ 递增时, 不确定性项变小. 另一方面, 每次选择除 a_i 以外的操作时, t 都会增加, 但 $N_t(a_i)$ 不变, 这使得不确定性估计值变大. 自然对数的使用意味着随着时间的推移, 增加量变小, 但无界, 最终将选择所有操作, 但随着时间的推移, 选择估计值较低或已频繁选择的操作的频率将降低.

具体来说, 可使用下面的步骤来学习 (设定常数 c):

---

[12] 也可译为 "置信上限" 方法, 然而该译名容易误导读者.

- 对所有行动 a 设初始值:
  (1) $N(a) \leftarrow 0$.
  (2) $Q(a) \leftarrow 0$.
- 然后对 $t = 1, 2, \ldots, T$ 重复下面的过程:
  (1) $\epsilon = \frac{c}{c+t}$.
  (2) $a \leftarrow \arg\max_a \left[Q(a) + c\sqrt{\frac{\log t}{N(a)}} \right]$.
  (3) $r \leftarrow r(a)$.
  (4) $N(a) \leftarrow N(a) + 1$.
  (5) $Q(a) \leftarrow Q(a) + \frac{1}{N(a)}(r - Q(a))$.

所有行动在开始时必须被选择以避免分母 $N(a) = 0$. 奖励的特殊形式来自 Hoeffding 不等式, 它为有界随机变量相对于样本数量的期望的错误估计概率提供了一个上限. 参数 c 控制探索-开发之间的平衡: c 越大, 算法的探索性越强. 事实上, UCB 算法有一个次线性的遗憾. 对于二元奖励, 下面的不等式给出了期望遗憾的上界:

$$E(\rho) \leqslant 8 \sum_{a \,!=\, a^*} \frac{\log T}{q^* - q(a)} + K\frac{\pi^2}{3}.$$

具体到代码, 把下面的一段加到前面的 class MAB 中:

```python
def USB(self,c=2):
    N=np.zeros(self.K)
    Q=np.zeros(self.K)
    for t in range(self.T):
        if all(N)!=0:
            a=np.argmax(Q+np.sqrt(2*np.log(t)/N))
        else:
            a=np.random.randint(self.K)
        r=self.bandit[a][t]
        N[a]+=1
        Q[a]=Q[a]+1/N[a]*(r-Q[a])
    return(N,Q)
```

具体包括画图 (见图 1.7.7) 的实现代码如下:

```python
Me=BLM()
N,Q=Me.USB()

label=['arm '+x for x in '123']
plt.figure(figsize=(21,4))
plt.subplot(1,2,1)
plt.barh(width=N,y=range(Me.K))
plt.xlabel('N(a)')
plt.yticks(range(Me.K), label)#, rotation='vertical')
plt.subplot(1,2,2)
```

```
plt.barh(width=Q,y=range(Me.K))
plt.yticks(range(Me.K), label)
plt.xlabel('Q(a)')
plt.savefig("MABUSB.pdf",bbox_inches='tight',pad_inches=0)
```

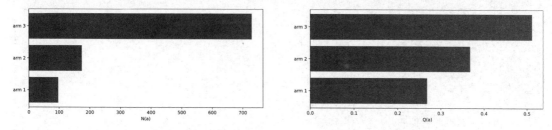

图 1.7.7 例 1.7 多臂老虎机 UCB 方法的 $N(a)$ 和 $Q(a)$ 条形图

例 1.7 的 Thompson 抽样

在 UCB 之外, 另一个流行的最古老的算法是贝叶斯派的 Thompson 抽样. 期望奖励的不确定性由相应于不同行动 (臂) 的概率分布来捕获. 当从各个行动获得更多信息时, 这些概率分布往往会集中. 每个行动的先验概率分布起着初始的作用, 探索是由先验的保证的, 而开发是由后验的来执行的.

用 $P(a)$ 表示与行动 a 的期望回报 $q(a)$ 的估计相关的概率分布. 使用一些先验进行初始化, 并通过从动作 a 收到的连续奖励进行更新.

Thompson 抽样可能会在更新上多花计算资源. 对于我们对奖励假定的 Bernoulli 分布 $B(p)$, p 通常取均匀先验分布 $U(0,1)$. 注意

$$p(r|q) = q^r(1-q)^{1-r}, \ r = 0,1.$$

对于同一个行动的 N 个独立同分布的样本 $r_1, r_2, \ldots, r_N$, 则有

$$p(q|r_1,\ldots,r_N) = \frac{p(r_1,\ldots,r_N|q)p(q)}{p(r_1,\ldots,r_N)} \propto q^{r_1+\cdots+r_N}(1-q)^{N-(r_1+\cdots+r_N)}.$$

该后验分布为 Beta(α,β) 分布, 参数 $\alpha = r_1 + \cdots + r_N + 1, \beta = N - (r_1 + \cdots + r_N) + 1$. 于是得到下面的更新规则, 给定 r, 做更新

$$\alpha \leftarrow \alpha + r,$$
$$\beta \leftarrow \beta + 1 - r.$$

具体来说, 对于 Bernoulli 分布和均匀先验分布可使用下面的步骤来做学习:

- 对所有行动 a 设初始分布值:
$$P(a) \leftarrow \text{Beta}(\alpha,\beta)$$

- 然后对 $t = 1, 2, \ldots, T$ 重复下面的过程:
  (1) 对所有 a, $p(a)$ 为从 $P(a)$ 抽取的样本.
  (2) $a \leftarrow \arg\max_a p(a)$.
  (3) $r \leftarrow r(a)$.
  (4) $P(a) \leftarrow \text{Beta}(\alpha + r, \beta + 1 - r)$.

具体到代码, 把下面的一段加入前面的 class MAB:

```python
def Thompson(self):
    N=np.zeros(self.K)
    Q=np.zeros(self.K)
    probs=np.zeros(self.K)
    alpha=np.zeros(self.K)
    beta=np.zeros(self.K)
    for t in range(self.T):
        for k in range(self.K):
            probs[k]=np.random.beta(alpha[k] + 1, beta[k] + 1)
        a=np.argmax(probs)
        r=self.bandit[a][t]
        alpha[a]+=r
        beta[a]+=1-r
    return(alpha/(alpha+beta))
```

具体包括画图 (见图 1.7.8) 的实现代码为:

```python
Me=BLM()
mu=Me.Thompson()

label=['arm '+x for x in '123']
plt.figure(figsize=(10,2))
plt.barh(width=mu,y=range(Me.K))
plt.yticks(range(Me.K), label)
plt.xlabel('Posterior mean')
plt.savefig("Thompson.pdf",bbox_inches='tight',pad_inches=0)
```

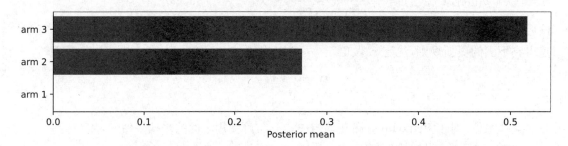

图 1.7.8　例 1.7 多臂老虎机 Thompson 抽样算法的后验均值条形图

1.7.6 例 1.7 和其他例子 (例 1.3、例 1.5 及例 1.6) 的区别

例 1.3、例 1.5 及例 1.6 三个例子和例 1.7 各有自己的特点:

- 除了例 1.6 的行动空间是连续的, 其他例子的行动空间都是离散的.
- 例 1.3 和例 1.7 的状态空间是离散的 (除非后者使用正态奖励), 但例 1.5 及例 1.6 的状态空间是连续向量.

- 例 1.3、例 1.5 及例 1.6 的状态空间和行动空间是不同的, 代理的行动会导致状态的变化, 这依赖于环境自身的设定.
- 例 1.7 多臂老虎机问题的状态和行动是等同的. 行动和状态的选择没有区别. 任何行动或状态都是被代理的策略决定的, 与环境本身的性质无关. 这简化了许多问题, 比如奖励函数 $r(s, a, s')$ 就仅仅是行动的函数 $r(a)$.
- 三个例子看上去都是有限视界问题 ($T < \infty$), 但实际上是有区别的:
  - 例 1.3、例 1.5 及例 1.6 问题的每个情节都是一系列行动的结果, 不同的策略导致的情节 (或轨迹) 也不一样, 视界也不同.
  - 例 1.7 多臂老虎机问题在学习中的次数 (视界) 完全是任意的, 代理可以在任何时间停止学习过程.
- 几个问题的目标不同.
  - 例 1.3 格子路径问题寻找一条穿过不同状态的路径, 最优策略并不唯一.
  - 例 1.5 及例 1.6 问题的目的是使得杆或摆保持竖直状态, 由于状态是连续的, 有无穷多种可能, 因此行动序列也有无穷多种可能.
  - 例 1.7 多臂老虎机问题仅仅寻找一个最优行动或状态作为最优策略.

以上的不同导致了两类例子 (例 1.3、例 1.5 及例 1.6; 例 1.7) 在训练时的程序和输出有不少区别.

两类例子的启示

1. 例 1.3、例 1.5 及例 1.6 的问题代表了一类强化学习的实例. **与这些问题类似或更复杂的问题所相关的各种解决方法也是有典型意义的, 因此, 本书后面的绝大多数篇幅都贡献给这一类或更复杂的问题, 并探讨针对各种问题而产生的各种方法.**

2. 例 1.7 多臂老虎机问题代表了一类实际问题, 但因为其结构比例 1.3、例 1.5 及例 1.6 在数学上要简单得多, 计算也容易, 因此在计算机出现以前就有很多基于数学假定的研究成果, 而且有大量的实际应用. 但对于更复杂的一般强化学习问题, 多臂老虎机问题并没有前两个例子那样的代表性. 因此, 在本书后面的内容中, 不涉及例 1.7 类的问题.

第 2 章 马尔可夫决策过程和动态规划

这一章是前面提纲式的 1.4 节关于马尔可夫决策过程 (MDP) 内容的详尽说明. MDP 是强化学习的一个理论框架, 是处理很多问题的思维基础. 虽然在一定条件下, 存在和 MDP 有关的某些最优性的数学结论, 但 MDP 是用来处理实际问题的, 绝对不能把 MDP 本身看成是一个包罗万象的完美数学模型. 那些已经证明的最优性有很多局限性, 而且很多强化学习问题完全不能用 MDP 框架来描述.

本章通过强化学习最基本的两个概念: 马尔可夫决策过程 (Markov decision processes, MDP) 和动态规划 (dynamic programming, DP) 来讨论强化学习的一些主要内容. 马尔可夫决策过程是强化学习问题的背景随机决策模型. 当这个通常用数学语言描述的基础模型未知, 或者因太难而无法解决以提前找到最佳策略时, 就基本上是强化学习所面对的问题了. 强化学习代理通过执行和模拟来学习和优化模型, 不断使用过去决策的反馈来学习基础模型并强化好的策略.

2.1 马尔可夫决策过程简介

2.1.1 马尔可夫性

马尔可夫决策过程是一个序贯决策模型, 代理需要在离散的次序 $t = 0, 1, 2, \ldots$ 中做出决策. 在每一轮中, 过去的所有相关信息都存储在进程的状态中. 状态的定义取决于问题, 并且是建模过程的一部分.

马尔可夫决策过程的属性是**马尔可夫性** (Markov property), 它表示在当前状态下未来独立于过去, 马尔可夫性原本用于描述数学中的**马尔可夫过程** (Markov process). 对于作为马尔可夫过程特例的具有离散状态 $s_0, s_1, \ldots$ 的**马尔可夫链** (Markov chain) 来说. 马尔可夫性表示为:

$$P(s_{t+1}|s_t) = P(s_{t+1}|s_0, s_1, \ldots, s_t). \tag{2.1.1}$$

这实质上意味着该模型在时间 t 的状态 s_t 包含了确定未来状态的所有信息, 和其他所有历史状态无关. 也就是说, 为了确定 s_{t+1}, 只要知道了 s_t 就够了, 完全用不着之前的信息 $(s_0, s_1, \ldots, s_{t-1})$. 其中

$$P_{ss'} \equiv P(s_{t+1} = s'|s_t = s)$$

称为从状态 s 到 s' 的状态**转移概率** (transition probability), 对于有限的情况, 状态转移概率可形成状态转移矩阵 $\boldsymbol{P} = \{P_{ij}\}$.

有各种要素的马尔可夫决策过程与简单的只有状态和转移概率两个要素 (状态空间 S 及转移概率 $\boldsymbol{P}$) 的马尔可夫链有很大的区别. MDP 是马尔可夫链的扩展, 不同之处在于增加了 (某种策略下的) 选择行动和 (用作选择策略动机的) 奖励. 相反, 如果每个状态仅存在

一个依赖于给定转移概率的行动并且所有奖励都相同 (没有区别), 则 MDP 简化为马尔可夫链. 显然, MDP 涉及状态空间 S (及可能的初始状态 s_0)、奖励函数 (投影 $S \times A \mapsto \mathbb{R}$)、可能依赖于奖励的行动空间 A、依赖于行动的转移概率 $p(s'|s,a)$、称为**视界**的情节长度 T 及可能的折扣率 γ.

马尔可夫性在强化学习中很重要, 因为决策和价值仅假定是当前状态的函数. 这里的所有理论都假定了马尔可夫性, 但并非所有理论都严格适用于马尔可夫性不严格适用的情况. 尽管如此, 针对满足马尔可夫性情况下开发的理论仍然有助于我们理解算法的行为, 并且这些算法可以成功地应用于许多并非属于严格马尔可夫过程的任务. 对马尔可夫过程的全面理解是将其扩展到更复杂、更现实的非马尔可夫情形的必要基础. 实际上, 马尔可夫性的假定并不是强化学习所独有的, 该假定也存在于大多数人工智能方法中.

代理随时间的序贯行为由 MDP 动态生成称为**情节**或**轨迹**的序列, 包括状态、行动 (也可包含奖励):

$$\boldsymbol{\tau} = (s_0, a_0, s_1, a_1, \ldots, s_T, a_T), \quad T \leqslant \infty,$$

或者写成

$$s_0 \xrightarrow{a_0} s_1 \xrightarrow{a_1} s_2 \xrightarrow{a_2} s_3 \xrightarrow{a_3} \cdots,$$

其中每个行动 a 造成的转换 $s \mapsto s'$ 以转移概率 $p(s'|s,a)$ 发生, 并提供由 $r(s,a,s')$ 定义的一定数量的即时奖励. 如果记 $r(s,a)$ 为在状态 – 行动对 (s,a) 时的期望奖励, 显然有

$$r(s,a) = \sum_{s' \in S} p(s'|s,a) r(s,a,s'). \tag{2.1.2}$$

在情节任务中, 视界 T 是有限的, 而在连续任务中, T 是无限的.

在 MDP 中, 马尔可夫性被其转移概率

$$p(s_{t+1}|s_t, a_t) = p(s_{t+1}|s_t, a_t, s_{t-1}, a_{t-1}, \ldots, s_0, a_0)$$

确定, 即从状态 s_t 到状态 s_{t+1} 的概率只与 t 时间的状态和行动有关, 而与之前的状态及行动无关.

如果不满足马尔可夫性, 相应的 RL 方法可能不会收敛. 在许多问题中, 人们无法访问智能体的真实状态, 只能间接地观察它们. 在部分可观测马尔可夫决策过程 (partially observable Markov decision process , POMDP) 中, 观测值 o_t 来自空间 O 并使用密度函数 $p(o_t|s_t)$ 与基础状态相关联. 观测值通常不遵循马尔可夫性, 因此, 需要观察 t 时刻及之前的完整历史 $h_t = (o_0, a_0, \ldots, o_t, a_t)$ 来解决问题.

2.1.2　策略

策略确定在任何时间或步骤采取什么行动. 在时间 t 依赖于历史的策略是到时间 t 为止的历史到行动的映射. 而 (不依赖历史的) 马尔可夫策略是从状态空间到行动空间的映射 $\pi : S \mapsto A$. 由于 MDP 具有马尔可夫性, 仅考虑马尔可夫策略就足够了, 从某种意义上说, 任何依赖于历史的策略都可以通过马尔可夫策略来实现. 因此, 我们的策略都是指马尔可夫策略.

确定性策略 (deterministic policy) $\pi : S \mapsto A$ 是从任何给定状态到行动的映射. **随机化策略** (randomized policy) $\pi : S \mapsto P(A)$ 是从任何给定状态到行动的一个分布的映射. 举例

来说, 考虑例 1.3 格子路径问题, 如果在某状态, 总是选择前面试验经验中累积奖励最多的行动 (贪婪策略), 这就是确定性策略; 但如果在某状态, 完全随机地以相同的概率选择各种可能的行动, 就是某种随机化策略.

在时间 t 遵循策略 π_t 意味着如果当前状态 $s_t = s$, 代理会选择行动 $a_t = \pi_t(s)$ (对于随机化策略或记为 $a_t \sim \pi(s)$). 遵循**平稳策略** (stationary policy) π 意味着对所有的 $t = 1, 2, \ldots,$ 都有 $\pi_t = \pi$.

策略可用于探索环境并生成状态、奖励和行动的轨迹. 策略的绩效是通过估计折扣回报 (折扣率 $0 < \gamma \leqslant 1$) 来确定的, 即式 (1.5.2) 所描述的从时间步 t 开始收到的所有奖励的总和 $R_t = \sum_{k=0}^{T} \gamma^k r_{t+k+1}$, 其中的 r_{t+1} 为在 s_t 采取行动 a_t 而导致的状态转移 $s_t \to s_{t+1}$ 获得的即时奖励, 可记为 $r_{t+1} = r(s_t, a_t, s_{t+1})$ 或 $R_{a_t}(s_t, s_{t+1})$. 显然在 $\gamma = 1$ 及 $T < \infty$ 时, 就得到式 (1.5.1).

策略和整个强化学习的目标密切相关, 它确定在每一个状态下采取什么行动才能得到最优的长期回报. 显然, 策略依赖于对长期回报 R_t 的度量, 这涉及 MDP 的价值函数.

2.1.3 作为回报期望的价值函数

几乎所有强化学习算法都基于评估代理处于给定状态有多好, 或在给定状态下执行给定行动有多好. 这里的 "有多好" 的概念是根据回报 R_t 的期望来定义的. 有了这种评估之后, 代理就可以期望在未来获得的奖励取决于它将采取的行动, 因此, 度量 "有多好" 的**价值函数** (value function) (或值函数) 是为制定策略服务的.

RL 中的策略决定代理在当前状态下将采取何种行动. 也就是说从特定状态中选择特定行动的概率, 是将给定状态映射到从给定状态中选择每个可能行动的概率的函数. 如果在时间 t, 代理遵循策略 π, 那时的状态为 $s_t = s$, 则 $\pi(a|s)$ 为在时间 t 智能代理采取行动 $a_t = a$ 的概率. 在强化学习中, 相对于基于当前状态 s 与基于状态和行动对 (s, a), 有两种**价值函数**:

1. 衡量一个代理处于给定状态的价值度量: **状态价值函数** (state value function), 通常称为 **V 函数** (V-function) 或 **V 价值函数** (V-value function), 其值也称为 **V 价值**或 **V 值** (V-value). 通常用 $v^\pi(s)$ (或 $v_\pi(s)$、$V^\pi(s)$ 等容易理解的符号) 表示关于策略 π 下的状态价值函数, 它度量遵循策略 π 的代理的任何给定状态的优度. 该函数值是从状态时间 t 始于状态 s 并随后遵循策略 π 的回报的期望. 当给定策略 π 时 $(a \sim \pi)$, 状态 s 的价值 (投影 $S \mapsto \mathbb{R}$) 为:

$$v^\pi(s) = E[R_t|s_t = s] = E\left[\sum_{k=0}^{T} \gamma^k r_{t+k+1}\,\middle|\, s_t = s\right], \ T \leqslant \infty. \tag{2.1.3}$$

2. 代理在给定状态下采取给定行动的价值度量: **状态 – 行动价值函数** (state-action value function), 也称为**行动价值函数** (action value function) 或称为 **Q 价值函数**或 **Q 函数** (Q-function), 其值也称为 **Q 价值**或 **Q 值** (Q-value). 通常用 $q^\pi(s, a)$ (或 $q_\pi(s, a)$、$Q^\pi(s, a)$ 等容易理解的符号) 表示关于策略 π 下的状态 – 行动价值函数, 它度量了智能代理从状态 s 在时间 t 开始采取行动 a, 然后遵循策略 π 的预期回报. 给定策略 π 时 $(a \sim \pi)$, 状态 – 行动对 (s, a) 的价值 (投影 $S \times A \mapsto \mathbb{R}$) 为:

$$q^\pi(s, a) = E[R_t|s_t = s, a_t = a] = E\left[\sum_{k=0}^{T} \gamma^k r_{t+k+1}\,\middle|\, s_t = s, a_t = a\right], \ T \leqslant \infty. \tag{2.1.4}$$

式 (2.1.3) 和式 (2.1.4) 中期望符号 $E[\cdot]$ 往往加上相应的策略 π 而成为 $E_\pi[\cdot]$, 以强调依赖于策略 π, 但在不会造成误解时往往省略 π.

V 价值函数和 Q 价值函数显然是相互关联的. 状态的价值取决于在该状态下可能采取的行动的价值, 受采取行动的概率即策略的影响:

$$
\begin{aligned}
v^\pi(s) &= E[R_t|s_t = s] = E_{a\in A}\left[E(R_t|s_t = s, a_t = a)\right] \\
&= E_{a\in A}\left[q^\pi(s,a)\right] = \sum_{a\in A}\pi(a|s)q^\pi(s,a) = q^\pi(s,\pi(s)).
\end{aligned}
\tag{2.1.5}
$$

可以从经验中估计价值函数 v^π 和 q^π, 例如, 如果代理遵循策略 π 并为遇到的每个状态保持遵循该状态的实际回报的平均值, 当遇到该状态的次数接近无穷大时, 则该平均值将收敛到状态价值 $v^\pi(s)$. 如果为在一个状态下采取的每个行动保留单独的平均值, 那么这些平均值将类似地收敛到状态 – 行动价值 $q^\pi(s,a)$. 这种估计方法为后面要介绍的蒙特卡罗方法, 因为它们涉及对实际回报的许多随机样本进行平均, 如果状态非常多, 那么单独为每个状态保留单独的平均值可能不切实际. 相反, 代理必须维护作为参数化的函数 v^π 和 q^π, 并调整参数以更好地匹配观察到的回报. 这也可以产生准确的估计, 尽管很大程度上取决于参数化函数逼近器[1]的性质.

注意: 对于通常的强化学习课题, 这些价值的数学期望无法用数学方法直接推导出来, 它们的估计值往往需要通过下节要介绍的 Bellman 方程使用动态规划方法来得到.

2.1.4 通过例 1.3 格子路径问题理解本节概念

就例 1.3 格子路径问题和 MDP 有以下几点需要做关联的概念.

1. 例 1.3 格子路径问题是个马尔可夫决策过程, 因为从每一个目前状态做下一次转移的结果都仅仅与目前状态和抽取的行动有关.

   (1) 转移 $s \xrightarrow{a} s'$ 的概率为 $p(s'|s,a)$. 但在例 1.3 该转移为确定性的, 如果一定要写成概率, 则 $p(s'|s,a)$ 可以写成下面的形式 (注意这里的状态 (i,j) 不包括终结状态 $(0,0)$ 和 $(3,3)$):

   $$
   p(s'|s,a) = \begin{cases}
   1, & a = 0, s = (i,j), \text{如果 } i < 3, \text{则 } s' = (i+1,j), \text{否则 } s' = s, \\
   1, & a = 1, s = (i,j), \text{如果 } j > 0, \text{则 } s' = (i,j-1), \text{否则 } s' = s, \\
   1, & a = 2, s = (i,j), \text{如果 } i > 0, \text{则 } s' = (i-1,j), \text{否则 } s' = s, \\
   1, & a = 3, s = (i,j), \text{如果 } j < 3, \text{则 } s' = (i,j+1), \text{否则 } s' = s, \\
   0, & \text{所有其他情况.}
   \end{cases}
   $$

   这体现在定义环境的 class Gridworld 的代码中. 通俗地说, 就是从非终节点 s 出发, 行动 a 为 0, 1, 2, 3 分别对应于 s' 为其向下、左、上、右格子的转移 (在格子矩阵往边界上的转移行动无效, 即 $s' = s$).

   注意, $p(s'|s,a)$ 是否为确定性的问题是由环境事先决定的. 如果把例 1.3 的环境做一修改 (下面定义的移动方向如果是边界, 则不动, 即 $s' = s$), 比如在某个非终端状态, 行动 0 对应于以 1/3 概率分别往下、左、右 3 个方向移动一格, 行动 1 对应

---

[1]这里所说的函数逼近器在强化学习中主要指深度学习神经网络.

于以 1/3 概率分别往下、左、上 3 个方向移动一格, 行动 2 对应于以 1/3 概率分别往上、左、右 3 个方向移动一格, 行动 3 对应于以 1/3 概率分别往下、右、上 3 个方向移动一格. 那样, $p(s'|s,a)$ 就是真的概率了. 比如, 按照上面的改动, 对于 $s' = (2,1), (3,2)$ 或 $(1,2)$ 都有 $p(s'|s=(2,2), a=1) = 1/3$.

(2) 转移 $s \overset{a}{\mapsto} s'$ 的奖励函数 $r(s,a,s')$ 也是确定性的, 为:

$$r(s,a,s') = \begin{cases} -1, & \forall s' \notin \{(0,0),(3,3)\}, \\ -1+\text{RW}, & s' = (0,0), \\ -1-2\text{RW}, & s' = (3,3). \end{cases}$$

这体现在定义环境的 class Gridworld 的代码中.

2. 对于例 1.3 问题的策略 $\pi(\pi \in \Pi)$ 的空间 Π 非常大, 包括在所有状态的所有行动的集合. 可以形式上写成 $\Pi = \{a = \pi(s), \forall s \in S, a \in A(s)\}$. 在例 1.3 中从状态 $(0,1)$ 开始在每个状态行动的不同选择 (不同策略) 造成下面 4 个转移系列 (直到终止点 $(0,0)$ 或 $(3,3)$):

$$(0,1) \to (0,2) \to (1,2) \to (1,1) \to (0,1) \to (0,0). \qquad (2.1.6)$$

$$(0,1) \to (0,2) \to (0,3) \to (0,2) \to (0,1) \to (1,1) \to (1,0) \to (0,0). \qquad (2.1.7)$$

$$(0,1) \to (0,2) \to (0,3) \to (1,3) \to (2,3) \to (2,2) \to (3,2) \to (3,3). \qquad (2.1.8)$$

$$(0,1) \to (0,0). \qquad (2.1.9)$$

这几种策略得到的从初始点开始的具体累积奖励 (如果 RW=30) 分别是 $-5 + 30 = 25$, $-7 + 30 = 23$, $-7 - 2 \times 30 = -67$ 和 $-1 + 30 = 29$. 这 4 个值来自式 (1.5.1) 中 R_0 的值. 对于式 (2.1.7) 的初始状态 $(0,1)$ 来说, 每一步奖励 $r = -1$ 的视界 $T = 7$, 因此

$$R_t = r_{t+1} + r_{t+2} + \cdots + r_T = (T-t) \times r + \text{RW} = (7-t) \times (-1) + 30.$$

但式 (2.1.7) 的实践 (情节) 还生成了另外 2 个以 $(0,1)$ 开始的 R_t 子序列: 一个是 $(0,1) \to (1,1) \to (1,0) \to (0,0)$, 这里 $T = 3$, 得到的 $R_0 = -3 + 30$; 另一个为 $(0,1) \to (0,0)$ (一步转移 $T = 1$) 得到的 $R_0 = -1 + 30$. 也就是说, 该情节总共生成了 3 个起始于 $(0,1)$ 的观测值. 实际上, 其他涉及的状态都可以得到相应的 R_t 序列.

3. 强化学习的目的是找到最优的策略使得累积奖励期望最大. 这是由价值函数 (式 (2.1.3) 及式 (2.1.4)) 描述的. 这两个式子中的 $v^\pi(s)$ 及 $q^\pi(s,a)$ 是在给定一个初始状态 s 或状态 – 行动对 (s,a) 之后遵循某种策略 π 得到的累积奖励的期望值. 这里使用数学期望针对的是随机性, 比如考虑某个状态 s 采取某行动的概率为 $\pi(a|s)$, 对某状态 – 行动对 (s,a), 得到另一个状态 s' 的概率为 $p(s'|s,a)$, 奖励也可能是随机的, 则有概率 $p(r,s'|s,a)$ 等等. 在计算上, 这些关于初始状态 s 或状态 – 行动对 (s,a) 的价值函数都是用各种实现的奖励序列的观测值做平均或加权平均得到的.

4. 由于策略集合 Π 很大, 强化学习通过随机探索并利用已经得到的知识来进行力所能及的尝试计算价值函数以得到近似最优的策略.

例 1.3 格子路径问题的最优策略、价值函数、Q 矩阵计算

所谓 Q 矩阵是在很多次迭代计算之后得到的某类策略 (π) 的 Q 价值函数 $q^\pi(s,a)$, 对于例 1.3 来说为 16×4 矩阵, 矩阵的行对应于 16 个状态 (参见代码 env.state_space), 矩阵的列对应于每个状态所采取的 4 个行动, 因此每个状态的最优行动应该是相应行 (状态) 中 Q 价值函数最大的那一个行动, 由于第一个和最后一个状态为终止状态 (没有行动), 所以 Q 矩阵的第 0 行和第 15 行均为 0. 这一类学习过程也属于后面要介绍的 Q 学习范畴.

下面的代码为计算 Q 矩阵的函数:

```
def QMatrix(env,n_ep=500):
    SAR={}
    for i in range(1,15):
        for j in range(4):
            SAR[(i,j)]=[]

    sv=dict(zip(env.state_space.values(),env.state_space.keys()))
    D=env.state_space
    qsa=np.zeros((env.nS,env.nA))

    # Training
    for ep in range(n_ep):
        reward=[]
        env.reset() # random env.s
        done=False
        while not done:
            a=np.random.randint(0,env.nA)
            s1,r,done=env.step(a)
            reward.append([sv[env.s],a,r])
            env.s=s1
        RR=np.array(reward[::-1])
        R3=np.cumsum(RR[:,-1])
        S_A=RR[:,:-1]
        for k, s_a in enumerate(S_A):
            SAR[tuple(s_a)].append(R3[k])
    for i in SAR:
        qsa[i]=np.mean(SAR[i])
    return qsa
```

执行下面的代码:

```
env=Gridworld()
q=QMatrix(env=env)
np.round(q)
```

输出的 (四舍五入后的)Q 矩阵为:

```
array([[  0.,    0.,    0.,    0.],
       [-29.,   29.,  -24.,  -47.],
       [-48.,  -15.,  -29.,  -38.],
       [-53.,  -30.,  -40.,  -41.],
       [-42.,  -23.,   29.,  -33.],
       [-41.,  -15.,  -18.,  -39.],
       [-50.,  -33.,  -34.,  -54.],
       [-59.,  -46.,  -49.,  -53.],
       [-44.,  -38.,  -18.,  -43.],
       [-53.,  -34.,  -26.,  -47.],
       [-55.,  -39.,  -42.,  -57.],
       [-61.,  -54.,  -54.,  -57.],
       [-42.,  -43.,  -40.,  -45.],
       [-49.,  -46.,  -42.,  -50.],
       [-49.,  -46.,  -47.,  -61.],
       [  0.,    0.,    0.,    0.]])
```

获得最优策略

我们要根据这个 Q 矩阵来得到最优策略, 为此定义一个 Python 函数, 目的是在 Q 矩阵某状态 s 选择使 $q^\pi(s,a)$ 值最大化的行动 a.

```
def Q2Q(q,env=env):
    Q=np.zeros((env.nA,env.nA))
    D=env.state_space
    for j in range(1,15):
        Q[D[j]]=np.argmax(q[j,:])
    return Q
Q2Q(q)
```

输出为:

```
array([[0., 1., 1., 1.],
       [2., 1., 1., 1.],
       [2., 2., 2., 2.],
       [2., 2., 1., 0.]])
```

输出矩阵的每个位置 (状态) 的值为行动, 可以看出 (不理会终止状态 (0,0) 和 (3,3)), 所有状态只有行动 1 (往左) 和行动 2 (往上).

计算步数和最优 V 价值函数

这个显示的策略显然是最优的 (不唯一), 从每一个状态到 (0,0) 要走多少步可以验证这个最优性. 下面的代码计算步数及最优策略的 V 价值函数 (如果不能得到最优, 该函数输出 −999):

```
def STEP(q,env=env):
    Q=Q2Q(q)
    D=env.state_space
    Step=np.zeros((env.nA,env.nA))
    V=Step.copy()
    for i in range(1,env.nS-1):
        env.s=D[i]
        k=0
        v=0
        done=False
        while not done:
            s1,r,done=env.step(Q[env.s])
            if s1==env.s:
                done=True
                return -999
            env.s=s1
            v+=r
            k+=1
        Step[D[i]]=k
        V[D[i]]=v
    return Step,V
step,V=STEP(q)
print(f'Step:\n {step}\nV-value:\n{V}')
```

输出的第一个矩阵为步数, 第二个矩阵为该最优策略的 V 价值函数 $v^\pi(s)$:

```
Step:
 [[0. 1. 2. 3.]
 [1. 2. 3. 4.]
 [2. 3. 4. 5.]
 [3. 4. 5. 0.]]
V-value:
[[ 0. 29. 28. 27.]
 [29. 28. 27. 26.]
 [28. 27. 26. 25.]
 [27. 26. 25.  0.]]
```

从上面输出的第一个矩阵可以看出, 从任何状态到 $(0,0)$ 都没有浪费一步. 而第二个矩阵显示类似的信息, 即距离终点 $(0,0)$ 越近, V 价值越大.

例 1.3 Q 矩阵函数 QMatrix 等的解释

下面把在 QMatrix 函数中的一些可能的代码问题列举如下:

- SAR 是个 dict, 每个 key 为以自然数代表的 14 个非终点状态和 4 个行动整数的 2 元组 $\{(s,a)\}$ (共有 $14 \times 4 = 56$ 个元素), 元素是个 list, 用来存储相应状态在每个情节 (或子情节) 中的累积奖励值 (R_0 值).

- qsa 是关于状态 – 行动的 16×4 矩阵, 存储最后 Q 矩阵的结果.
- 对于 n_ep 个情节中的每个情节 (ep) 都代表从 env.reset() 随机生成的 env.s 状态出发, 而且在每个状态的每个行动也都是随机选择的情况下最终到达终点 (无论是 $(0,0)$ 还是 $(3,3)$, 那时 done=True) 的一串转移行动轨迹 (称为情节) $s_0 \xrightarrow{a_0} s_1 \xrightarrow{a_1} s_2 \xrightarrow{a_2} \cdots \xrightarrow{a_{T-1}} s_T$:

  (1) 每个情节中对于不同状态的子情节都被考虑到, 并计算累积奖励. 在情节未终止时 (done=False 时) 每一步的状态、行动和奖励 3 元组都存在 reward 中, 在每个视界为 T 的情节完成之后得到有 T 个 3 元组的 reward list.

  (2) 在每个情节完毕之后, 对象 RR (以 numpy 矩阵形式) 存储逆序的 reward, 因为计算 R_t 是从后往前的预期累积奖励. R3 把 RR 的最后一列求出累积和.

  (3) S_A 是 RR 代表状态和行动的前两个元素的 $T \times 2$ 矩阵, 和长度为 T 的 R3 匹配.

  (4) 把 56 个状态 – 行动组合的每一种都加入 (append) 相应 key 的 RAS 的 list 中, **这个添加过程不仅限于一个情节, 还包括所有 n_ep 个情节**.

- 把 RAS 56 个状态 – 行动组合的每个 list 的大量元素 (很多累积和) 求均值, 得到的 56 个数按照状态 – 行动存入矩阵 qsa (除了第 0 行和第 15 行之外的) (14×4 矩阵) 中去, 得到整个函数的 Q 矩阵输出.

关于 Q2Q 函数: 它是简单地从 Q 矩阵在每 (状态) 行提取数值最大的列, 形成一个和格子维度一样的 4×4 矩阵, 每个格子代表一个状态, 而每个矩阵元素为最优的行动值.

关于 STEP 函数:

- 它利用 QMatrix 函数及 Q2Q 函数所获得的最优策略来完成从任何一点开始的转移情节.
- 对每一个情节记录下累积奖励和步数. 其中累积奖励就是最优 V 价值 $v^\pi(s)$.

2.2 动态规划

2.2.1 动态规划简介

作为 MDP 有效算法基础的**动态规划** (dynamic programming) 既是一种数学优化方法, 也是一种计算机编程方法. 该方法由 Richard Bellman 在 20 世纪 50 年代开发, 并已在航空航天工程、经济学等众多领域得到应用. 动态规划有助于有效地解决重叠子问题和具有最优子结构属性的一类问题.

任何问题都可以划分为子问题, 子问题又被划分为更小的子问题, 如果这些子问题之间存在重叠, 则可以保存这些子问题的解决方案以备将来参考. 这可以提高 CPU 的效率. 这种求解的方法称为动态规划.

此类问题涉及重复计算相同子问题的值以找到最佳解决方案. 更大问题的值与子问题的值之间的关系是用 Bellman 方程描述的. 下面的例子是最简单的动态规划迭代例子, 没有用 Bellman 方程.

例 2.1 Fibonacci 数列. Fibonacci 数列 (也译为斐波那契数列) 早在公元前 2 世纪就被提出来了, 它在数学中通常表示为 F_n, 其中每个数都是前两个数的和. 序列通常从 0 和 1 开始, 有

些作者省略了初始项, 从 1 和 1 或从 1 和 2 开始. 从 0 和 1 开始, 序列中接下来的几个值是:

$$0, 1, 1, 2, 3, 5, 8, 13, 21, 34, 55, 89, 144, \dots$$

显然, 我们有递归关系 $F_n = F_{n-1} + F_{n-2}\ (n > 1)$. 因此可以使用下面的动态规划代码输出 Fibonacci 数列 (不显示).

```
Fn = [0, 1]
def fibonacci(n):
    n=round(n)
    if n < 0:
        print("Must Non-negative")
    elif n < len(Fn):
        return Fn[n]
    else:
        Fn.append(fibonacci(n - 1) + fibonacci(n - 2))
    return Fn[n]
F=[fibonacci(x) for x in range(18) ]
print(F)
```

2.2.2 Bellman 方程

在强化学习和动态规划中使用的价值函数的一个基本属性是它们满足特定的递归关系. 对于任何策略 π 和任何状态 s, 在 s 的值及其可能的后继状态的值之间, 以下重新描述累积奖励 R_t 的一致性条件成立:

$$
\begin{aligned}
R_t &= r_{t+1} + \gamma r_{t+2} + \gamma^2 r_{t+3} + \gamma^3 r_{t+4} + \cdots \\
&= r_{t+1} + \gamma(r_{t+2} + \gamma r_{t+3} + + \gamma^2 r_{t+4} + \cdots) \\
&= r_{t+1} + \gamma R_{t+1},
\end{aligned}
\tag{2.2.1}
$$

即在时间 t 的回报是在转换到 r_{t+1} 收到的即时奖励与在下一个状态的累积折扣回报 γR_{t+1} 之和. 因此有下面关于价值函数的递归关系:

$$
\begin{aligned}
q^\pi(s,a) &= E[R_t|s_t = s, a_t = a] = E[r_{t+1} + \gamma R_{t+1}|s_t = s, a_t = a] \\
&= \sum_{s' \in S} \left\{ p(s'|s,a)\left[r(s,a,s') + \gamma \sum_{a' \in A} \pi(a'|s')q^\pi(s',a') \right] \right\} \\
&= r(s,a) + \gamma \sum_{s' \in S} p(s'|s,a)v^\pi(s')
\end{aligned}
\tag{2.2.2}
$$

和

$$
\begin{aligned}
v^\pi(s) &= E[R_t|s_t = s] = E[r_{t+1} + \gamma R_{t+1}|s_t = s] \\
&= E[r_{t+1} + \gamma v^\pi(s_{t+1})|s_t = s] \\
&= \sum_{a \in A} \pi(a|s) \sum_{s' \in S} p(s'|s,a)[r(s,a,s') + \gamma v^\pi(s')].
\end{aligned}
\tag{2.2.3}
$$

上面不同形式的迭代方程 (2.2.1)、(2.2.2) 和 (2.2.3) 都称为 Bellman 方程.

2.2.3 最优策略和最优价值函数

解决强化学习问题就是寻求一个从长远来看能获得最大回报的策略. 对于有限的 MDP, 可以通过以下方式精确定义最优策略. 根据价值函数来定义策略的部分排序. 如果所有状态下, 策略 π 的预期回报大于或等于策略 π' 的预期回报, 则策略 π 被定义为**优于或等于**策略 π', 用 $\pi \geqslant \pi'$ 表示, 即

$$\pi \geqslant \pi' \Leftrightarrow v^\pi(s) \geqslant v^{\pi'}(s), \ \forall s \in S.$$

至少一项策略优于或等于所有其他策略. 这是一个**最优策略** (optimal policy). 虽然可能存在不止一个最优策略, 但仍然用 π^* 表示所有最优策略[2]. 可以表示为 $(S \mapsto A$ 投影):

$$\pi^*(s) = \arg\max_{a \in A} \sum_{s' \in S} p(s'|s,a)v^*(s'). \tag{2.2.4}$$

最优策略 π^* 是所有状态 $s \in S$ 的最优策略. 注意:

- 最优策略不依赖于我们从哪个状态开始 (比如 s_0) 或者目前所在的状态 s, 也不是为某个状态 s 所设定的.
- 同样的 π^* 对所有状态都能获得最大价值, 即

$$v^*(s) = v^{\pi^*}(s) \geqslant v^\pi(s), \ \forall s \in S.$$

这意味着无论我们的 MDP 出发点在何处, 都可以运用同样的策略.

最优策略共享相同的状态价值函数, 记为 v^*, 其定义及一些等价关系为 (包括 $v^*(s)$ 及式 (2.2.6) 中定义的 $q^*(s,a)$ 之间的关系):

$$
\begin{aligned}
v^*(s) =& v^{\pi^*}(s) = \max_\pi v^\pi(s) = q^*(s, \pi^*(s)) = \max_{a \in A} q^*(s,a) \\
=& \max_{a \in A} E_{\pi^*}\left[\sum_{k=0}^\infty \gamma^k r_{t+k+1} \Bigg| s_t = s, a_t = a \right] \\
=& \max_{a \in A} \sum_{s' \in S} p(s'|s,a)[r(s,a,s') + \gamma v^*(s')], \ \forall s \in S.
\end{aligned}
\tag{2.2.5}
$$

最优策略也共享相同的最优状态 – 行动价值函数, 有下面的一些等价关系:

$$
\begin{aligned}
q^*(s,a) =& \max_\pi q^\pi(s,a) \\
=& E[r_{t+1} + \gamma \max_{a'} q^*(s_{t+1}, a')|s_t = s, a_t = a] \\
=& E[r_{t+1} + \gamma v^*(s_{t+1})| s_t = s, a_t = a] \\
=& \sum_{s' \in S} p(s'|s,a)[r(s,a,s') + \gamma v^*(s')] \\
=& r(s,a) + \gamma \sum_{s' \in S} p(s'|s,a)v^*(s') \\
=& r(s,a) + \gamma \sum_{s' \in S} p(s'|s,a) \max_{a' \in A} q^*(s', a'), \ \forall s \in S, \ a \in A(s).
\end{aligned}
\tag{2.2.6}
$$

对于状态 – 行动对 (s,a), 该函数给出了在状态 s 下采取行动 a, 并且随后遵循最优策略的预期回报.

---

[2]更严格的符号应该是 $\pi \in \Pi^*$, 这里 Π^* 为最优策略的集合.

2.3　强化学习基本方法概述

2.3.1　代理与环境的互动

RL 方法本质上是使用在线度量来解决最优控制问题, 如同图 1.4.1 所描述的. 代理通常对其环境只有部分了解, 因此会根据观察到的信号使用某种形式的学习方案. 首先, 代理需要使用环境的一些参数模型. 可使用具有给定状态空间和动作空间的平稳 MDP 模型. 但是, 可能不会给出状态转移矩阵 $p(s'|s,a)$ 和即时奖励函数 $r(s,a,s')$. 进一步假定观察到的信号确实是动态过程的状态, 即完全观察到的 MDP, 并且奖励信号是即时奖励 r_{t+1}, 从 (s_t, a_t) 开始的期望奖励 (均值) 为 $r(s_t, a_t)$.

应该意识到, 前面所说的是一个代理用于决策的理想化的环境模型. 在现实中, 环境可能是非平稳的, 实际状态可能没有被完全观察到, 甚至没有被很好地定义, 状态和行动空间可能是离散的, 并且环境可能包含其他非平稳的决策者. 好的学习方案应该考虑到这些建模的稳健性.

在这种情况下学习的主要方法可分为间接学习和直接学习两种. 间接学习包括估计环境的显式模型 (如 $p(s'|s,a)$ 和 $r(s,a,s')$ 等), 并为估计的模型计算最优策略, 这是模型驱动的方式, 并非我们所关注的, 强化学习只关注无须先学习显式模型即可学习最优控制策略的**直接学习** (direct learning):

1. 在策略空间中搜索, 例如遗传算法、策略梯度等等.
2. 与动态规划相关的基于价值函数的学习, 例如后面会介绍的**暂时差** (TD) 学习、Q 学习等等.

尽管今天 RL 这个名称的应用范围更广, 强化学习 (RL) 的本意及核心内容都是指基于价值函数的学习方法.

基于价值函数的学习方案可以区分两大类 RL 方法:

1. 基于**策略迭代** (policy-iteration) 的方案或**演员 – 批评者** (actor-critic, AC) 学习架构 (将在 2.3.2 节介绍并将在 3.3.3 节和深度神经网络结合在一起讨论, 参见图 2.3.1).

图 2.3.1　演员 – 批评者学习架构

图 2.3.1 中的策略评估本质上是计算当前策略下的价值函数. 策略评估方法主要包括: (1) 蒙特卡罗 (Monte Carlo, MC) 策略评估; (2) **暂时差** (temporal difference, TD) 方法. 图 2.3.1 中的演员 (actor) 基于策略迭代思想执行某种形式的策略改进:

$$\pi' \in \arg\max_{\pi}(r + pv^{\pi}).$$

此外, 它还负责实施一些探索.

2. 基于**价值迭代** (value-iteration) 的方案涉及在线版本的价值迭代递归 (见 2.3.3 节), 其更

新公式为:

$$v_{k+1}(s) \leftarrow \max_{a \in A} \sum_{s'} p(s'|s,a)[r(s,a,s') + \gamma v_k(s')].$$

基本学习算法是 Q 学习 (Q-learning).

2.3.2 策略迭代: 策略评估和策略改进

如图 2.3.1 所示的 AC 任务是评估. 其主要目的是利用 Bellman 方程来计算价值函数. 一开始, 选择任意的策略 π, 然后迭代地评估并改进策略, 直到收敛.

计算策略的价值函数的目的是找到更好的策略. 假定已经确定了任意确定性策略 π 的价值函数 v^π. 对于某状态 s, 想要知道我们是否应该改变策略来确定性地选择一个行动 $a = \pi'(s) \neq \pi(s)$. 已经知道在状态 s 遵循当前 π 的价值 $v^\pi(s)$, 问题是需要知道改用新 π' 会更好还是更糟. 回答这个问题的一种方法是考虑在 s 选择 $a = \pi'(s)$ 并随后遵循现有 π, 这种行为方式的价值为:

$$
\begin{aligned}
q^\pi(s, \pi'(s)) &= E[r_{t+1} + \gamma v^\pi(s_{t+1})|s_t = s, a_t = \pi'(s)] \\
&\equiv E_{\pi'}[r_{t+1} + \gamma v^\pi(s_{t+1})|s_t = s] \\
&= \sum_{s' \in S} p(s'|s, \pi'(s)) + \gamma v^\pi(s').
\end{aligned}
\tag{2.3.1}
$$

关键标准是该价值大于还是小于 $v^\pi(s)$. 如果它更大, 即每次遇到 s 都选择新策略 π', 然后随着遵循 π' 比一直跟随 π (旧策略) 要好. 这样就有了策略的改进.

然后, 通过使用一步前瞻替换初始策略 $\pi(s)$ 来计算改进的策略:

$$\pi(s) = \arg\max_a \left[r(s,a) + \gamma \sum_{s'} p(s'|s,a)v(s') \right].$$

一开始, 不必关心初始策略 π_0 是否最优. 在执行过程中, 专注于通过重复策略评估 (E) 和策略改进 (I) 步骤在每次迭代中对其进行改进. 使用该算法生成了一系列策略, 其中每个策略都是对前一个策略的改进:

$$\pi_0 \xrightarrow{\text{E}} v^{\pi_0} \xrightarrow{\text{I}} \pi_1 \xrightarrow{\text{E}} v^{\pi_1} \xrightarrow{\text{I}} \pi_2 \xrightarrow{\text{E}} \cdots \xrightarrow{\text{I}} \pi^* \xrightarrow{\text{E}} v^*.$$

持续进行策略评估和策略改进步骤直到策略不再改进, 事先设定很小的正数 θ, 大体上的具体步骤为:

1. **初始步骤**: 任意初始 $v(s)$, 随机初始 $\pi(s)$.
2. **策略评估**: 先设 $\Delta = 0$, 在 $\Delta < \theta$ 时, 对每个 s 做:

$$
\begin{aligned}
&v \leftarrow v(s); \\
&v(s) \leftarrow \sum_{s' \in S} p(s'|s, \pi'(s)) + \gamma v(s'); \\
&\Delta \leftarrow \max(\Delta, |v - v(s)|).
\end{aligned}
$$

3. **策略改进**: 对每个 s 做迭代:
   (1) 令 $a^{old} \leftarrow \pi(s)$;
   (2) 更新: $\pi(s) \leftarrow \arg\max_a \left[r(s,a) + \gamma \sum_{s'} p(s'|s,a)v(s') \right]$;
   (3) 如果对每个 s 有 $a^{old} = \pi(s)$ 则往下到第 4 步, 否则回到第 2 步.

4. 输出近似最优: $v \approx v^*$ 和 $\pi \approx \pi^*$.

实际实施时可能会有各种变化, 比如在做更新时, 并不是直接取 $\arg\max_a$, 而可能是使用 ϵ 贪婪算法, 也就是说, 以概率 $1 - \epsilon$ 取产生极大值的行动, 而以概率 ϵ 随机采取行动. 这种生成最大值的行动能够导致最优是由**策略改进定理** (policy improvement theorem) 保证的. 该定理使用 Bellman 算子的证明参见 6.6.2 节, 这里后面的证明不用算子.

定理 2.1 策略改进定理. 考虑两个策略 $\pi(a|s)$ 和 $\pi'(a|s)$, 并且定义

$$q^\pi(s, \pi'(s)) = E_{a \sim \pi'(a|s)}[q^\pi(s, a)].$$

则对 $\forall s \in S$, 有

$$q^\pi(s, \pi'(s)) \geqslant v^\pi(s) \ \Rightarrow \ v^{\pi'}(s) \geqslant v^\pi(s).$$

这意味着 π' 至少和 π 一样好.

证明: 由于 $v^\pi(s) \leqslant q^\pi(s, \pi'(s))$, 利用 q^π 的展开, 得到对 $\forall s \in S$:

$$v^\pi(s) \leqslant q^\pi(s, \pi'(s)) = E_{\pi'}[r_{t+1} + \gamma v^\pi(s_{t+1})|s_t = s] \leqslant E_{\pi'}\{r_{t+1} + \gamma q^\pi[s_{t+1}, \pi'(s_{t+1})]|s_t = s\}$$

$$= E_{\pi'}\{r_{t+1} + \gamma E_{\pi'}[r_{t+2} + \gamma v^\pi(s_{t+2})]|s_t = s\} = E_{\pi'}[r_{t+1} + \gamma r_{t+2} + \gamma^2 v^\pi(s_{t+2})|s_t = s]$$

$$\leqslant E_{\pi'}[r_{t+1} + \gamma r_{t+2} + \gamma^2 r_{t+3} + \gamma^3 v^\pi(s_{t+3})|s_t = s]$$

$$\cdots$$

$$\leqslant E_{\pi'}[r_{t+1} + \gamma r_{t+2} + \gamma^2 r_{t+3} + \gamma^3 r_{t+4} + \cdots|s_t = s] = v^{\pi'}(s).$$

注意, 在上面的定理证明中, 表达式

$$E_{\pi'}[r_{t+1} + \gamma v^\pi(s_{t+1})|s_t = s]$$

意味着开始于状态 s, 根据 π' 选择**下面一步**的行动, 但之后还是根据 π 选择行动的期望折扣价值. 而

$$E_{\pi'}[r_{t+1} + \gamma r_{t+2} + \gamma^2 v^\pi(s_{t+2})|s_t = s]$$

意味着开始于状态 s, 根据 π' 选择**下面连续两步**的行动, 但之后还是根据 π 选择行动的期望折扣价值, 如此等等. 因此, 实际上有:

$$E_{\pi'}[r_{t+1} + \gamma v^\pi(s_{t+1})|s_t = s] = E[r_{t+1} + \gamma v^\pi(s_{t+1})|s_t = s, a_t = \pi'(s)]$$

这实际上等于 $q(s, \pi'(s))$. 对 $q(s, \pi(s))$ 有这两种不同表达的原因之一是要完成证明需要能够谈论跟随 π' 越来越长的时间跨度, 另一个原因是为确定性策略定义 Q 函数.

下面, 通过使用贪婪策略的策略迭代证明单调性. 记 $\pi_1, \pi_2, \ldots$ 为迭代中的策略更新序列. 根据定义:

$$q^{\pi_k}(s_k, \pi_{k+1}) = \max_a q^{\pi_k}(s, a); \ \ v^{\pi_k}(s_k) = E_{a \sim \pi_k(a|s)}[q^{\pi_k}(s, a)],$$

于是有

$$q^{\pi_k}(s_k, \pi_{k+1}) \geqslant v^{\pi_k}(s_k), \ \forall s \in S.$$

这满足策略改进定理的要求, 因此

$$v^{\pi_{k+1}}(s_k) \geqslant v^{\pi_k}(s_k).$$

为了显示收敛到最优策略以及单调改进则需要证明: 如果在任何状态下价值函数都没有改进, 那么我们处于最优状态. 下面是大致证明路径: 考虑 k 使得 $v^{\pi_{k+1}}(s) = v^{\pi_k}(s)$, $\forall s \in S$. 可以证明这样的 v^{π_k} 满足 Bellman 最优方程, 因此 $v^{\pi_k} = v^*$.

上面的步骤有如下问题. 策略评估求 q^{π_k} 时可能收敛太慢. 为此, 可能需要有穷时间的价值函数的估计, 而且在每个 (足够长的) 有穷时间区间改进 π. 更加保险的是在优化中逐渐改进 π. 比如, **逐渐最大化** (gradual maximization) 方法: 如果对某当前状态 s, $a^* = \arg\max_a q(s, a)$, 可设

$$\begin{cases} \pi(a^*|s) \leftarrow \pi(a^*|s) + \alpha[1 - \pi(a^*|s)], \\ \pi(a|s) \leftarrow \pi(a|s) - \alpha\pi(a|s), & a \neq a^*. \end{cases}$$

注意, π 是标准化平稳策略, 这使得 $\pi(\cdot|s)$ 为概率向量.

另一个问题是策略改进时需要尝试所有 (可能大量的) 行动 (在例 1.3 和例 1.7 中不存在这个问题, 因为行动集合很小). 这通常需要探索. 为此, 最简单的就是在挑选使用的策略上增加某种随机性. 容易实现的方法包括在 2.4 节将会介绍的 ϵ 探索 (ϵ-exploration) 及 softmax 方法等.

还有一种简单但通常有效的探索方法依赖于面对不确定性时的乐观 (optimism in the face of uncertainty) 原则. 例如, 通过将 q 初始化为高乐观值, 并鼓励贪婪的行动选择来访问未探索的状态.

演员 – 批评者方案的收敛性分析相对较难. 现有结果依赖于两个时间尺度 (two time scale) 方法, 其中假设策略更新的速度比价值函数更新的速度慢得多.

2.3.3 价值迭代

策略迭代的一个缺点是它的每一次迭代都涉及策略评估, 这本身可能是一个长时间的迭代计算, 需要对状态集进行多次扫描. 如果策略评估是迭代完成的, 那么精确收敛到 v^π 仅在极限时发生. 我们完全没有必要等待评估的收敛.

策略迭代的策略评估步骤可以通过多种方式截断, 而不会失去策略迭代的收敛保证. 一个重要的特殊情况是在一次扫描 (每个状态的一个备份) 之后停止策略评估. 这种算法称为价值迭代. 它可以写成一个特别简单的备份操作, 结合了策略改进和截断策略评估步骤:

$$\begin{aligned} v_{k+1}(s) &\leftarrow E[r_{t+1} + \gamma v_k(s_{t+1})|s_t = s, a_t = a] \\ &= \max_{a \in A} \sum_{s'} p(s'|s, a)[r(s, a, s') + \gamma v_k(s')] \\ &= \max_{a \in A} \left[r(s, a) + \gamma \sum_{s'} p(s'|s, a)v_k(s') \right]. \end{aligned} \tag{2.3.2}$$

这导致收敛 $v^k \rightarrow v^*$, 在每一步仍然有一个策略. 问题是在每个单独状态更新价值并不方便. 这种状态太多时会造成维数诅咒.

更新步骤与策略迭代算法中的更新步骤非常相似. 唯一的区别是在价值迭代算法中对所有可能的行动取最大值. 价值迭代算法不是先评估然后改进, 而是一步更新状态价值函数. 这可以通过向前计算所有可能的奖励来实现. 可以证明, 价值迭代算法能收敛到最优值.

具体的做法是 (首先确定一个小的正数 θ), 做下面的迭代直到收敛:

1. 任意初始 $v(s)$ 于非终止状态 s; 把终止状态 s_T 的价值设为 $v(s_T) \leftarrow 0$;
2. 令 $\Delta \leftarrow 0$, 对每个 s 做:

$$v \leftarrow v(s);$$

$$v(s) \leftarrow \max_a \left[r(s,a) + \gamma \sum_{s'} p(s'|s,a) v(s') \right];$$

$$\Delta \leftarrow \max(\Delta, |v - v(s)|);$$

3. 如果收敛 ($\Delta < \theta$), 则输出 π, 使得

$$\pi(s) = \arg\max_a \left[r(s,a) + \gamma \sum_{s'} p(s'|s,a) v(s') \right].$$

关于价值迭代的收敛性和最优性的数学证明请参见 6.6.1 节.

2.3.4 策略迭代与价值迭代比较

策略迭代和价值迭代都是动态规划算法, 可以在强化学习环境中找到最优策略 π^*. 它们都采用了某种形式的 Bellman 更新, 并利用一步前瞻 (one-step lookahead) 策略.

策略迭代从固定策略开始, 而价值迭代从选择价值函数开始. 两种算法均迭代地改进直到收敛. 策略迭代算法更新策略, 而价值迭代算法为迭代价值函数. 尽管如此, 两种算法都会在每次迭代中更新策略和状态价值函数. 在每次迭代中, 策略迭代会经历两个阶段: 一个阶段评估策略, 另一个阶段改进它. 价值迭代通过对所有可能的动作的效用函数取最大值来涵盖这两个阶段.

价值迭代算法很简单. 它将策略迭代的两个阶段组合成一个更新操作. 但价值迭代函数一次遍历所有可能的动作以找到最大动作值. 这使得价值迭代算法的计算量更大. 两种算法都保证最终收敛到最优策略. 然而, 策略迭代算法在更少的迭代中收敛. 因此, 通常策略迭代比价值迭代算法能更快得到结果.

2.3.5 异步动态规划

到目前为止讨论的动态规划 (DP) 方法的一个主要缺点是它涉及对整个 MDP 状态集的操作, 即需要对状态集进行扫描, 即同步备份, 也就是所有状态在每次迭代平行地更新. 如果状态集非常大, 那么即使是单次扫描也会非常昂贵. 比如双陆棋[3]有 10^{20} 个状态.

异步动态规划 (asynchronous dynamic programming) (或**异步 DP**) 是指在每次策略评估迭代时仅更新状态子集而不是整个状态集的价值估计. 只是使用其他可用状态的价值以任何顺序更新状态的值, 可以显著减少计算量. 这也意味着算法不必陷入任何无望的长时间扫描就可以在改进策略方面取得进展. 如果所有状态持续被选择, 则肯定会趋于收敛. 总之, 异步 DP 算法的要点为:

- 迭代 DP 算法不是根据状态集的系统扫描来组织的.
- 以任何顺序备份状态值, 使用碰巧可用的任何其他状态值. 有些状态的值可能会备份多次, 而另一些状态的值可能只备份一次.
- 必须持续备份所有状态的值才能正确收敛, 也就是说, 在计算中的某个点之后不能忽

---

[3]一种棋盘游戏, 两名玩家掷骰子将他们的棋子围绕 24 个三角形点移动, 获胜者是第一个从棋盘上移走所有棋子的人.

略任何状态.

比如, 异步价值迭代的一个版本可以进行如下操作: 在每一步 k 只备份一个状态的值 s_k, 使用价值迭代备份

$$v_{k+1}(s_k) = \max E[r_{t+1} + \gamma v(s_{k+1})|s_t = s_k, a_t = a].$$

如果 $0 \leqslant \gamma < 1$, 则只要所有状态无限频繁地出现在序列 $\{s_k\}$ 中, 就可以保证收敛到 v^*.

异步算法使计算与实时互动更容易混合. 为了解决给定的 MDP 问题, 可以在代理实际体验 MDP 的同时运行迭代 DP 算法, 这样的经验可用于确定 DP 算法应用其备份的状态. 同时, 来自算法的最新价值和策略信息可以指导智能体的决策.

异步动态规划的三个简单思路为:

1. **就地动态规划** (in-place DP).
   - 同步值迭代存储两个值函数副本, 也就是说, $\forall s \in S$:

$$v_{new}(s) \leftarrow \max_{a \in A} \left[r(s,a) + \gamma \sum_{s' \in S} p(s'|s,a) v_{old}(s') \right],$$

$$v_{old}(s) \leftarrow v_{new}(s).$$

   - 而就地价值迭代只存储一份值函数:

$$v(s) \leftarrow \max_{a \in A} \left[r(s,a) + \gamma \sum_{s'} p(s'|s,a) v(s') \right], \quad \forall s \in S.$$

2. **优化的扫描** (prioritised sweeping) 是优先更新状态的方法. 为了选择要更新的状态, 找到具有最大 Bellman 误差的状态:

$$\arg\max_{s \in S} \left| \max_{a \in A} \left[r(s,a) + \gamma \sum_{s'} p(s'|s,a) v(s') \right] - v(s) \right|.$$

   - 备份剩余 Bellman 误差最大的状态.
   - 每次更新之后, 备份受影响状态的 Bellman 误差 $(v_{new}(s) - v_{old}(s))$.
   - 需要了解反向动态, 即之前的状态.
   - 可以按照 Bellman 误差大小通过保持优先级排序来有效地实现.

3. **实时动态规划** (real-time DP). 仅涉及与代理有关的状态, 使用代理的经验来指导状态的选择, 在每个时间 t, 得到 s_t, a_t, r_{t+1}, 并且备份状态 s_t 的价值:

$$v(s_t) \leftarrow \max_{a \in A} \left[r(s,a) + \gamma \sum_{s'} p(s'|s,a) v(s') \right].$$

2.3.6　广义策略迭代

标准策略迭代算法中, 策略评估 (PE) 步骤和策略改进 (PI) 步骤交替进行, 其中, 策略评估使价值函数与当前策略一致, 而策略改进使策略相应于当前价值函数变得贪婪.

广义策略迭代 (generalized policy iteration, GPI) 是指让策略评估和策略改进过程交互作用的一般思想, 独立于两个过程的各种细节. 该交互过程为:

- 在策略迭代中, 这两个过程交替进行, 每个过程在另一个开始之前完成.
- 在价值迭代中, 在每次策略改进之间只执行一次策略评估迭代.
- 在 ADP 方法中, 评估和改进过程以更细的粒度交错.

只要两个过程继续更新所有状态, 最终结果通常是相同的, 即收敛到最优价值函数和最优策略. 几乎所有强化学习方法都被很好地描述为 GPI.

不难看出, 如果评估过程和改进过程都稳定, 那么价值函数和策略一定是最优的:

- 价值函数只有在与当前策略一致时才会稳定.
- 策略只有在相应于当前价值函数是贪婪时才会稳定. 这意味着:
    - 只有在发现一个贪婪的策略时, 这两个过程才会稳定.
    - Bellman 最优方程成立.
    - 策略和价值函数是最优的.

2.3.7 策略梯度

策略梯度方法旨在直接建模和优化策略, 但估计的是期望累积回报的梯度. 例如, 在神经网络的应用中, 策略通常是以神经网络参数 θ 来使策略参数化, 即 $\pi_\theta(a|s)$. 这样, 目标函数可以重写为:

$$J(\theta) = \sum_{s \in S} d^\pi(s) v^\pi(s) = \sum_{s \in S} d^\pi(s) \sum_{a \in A} \pi_\theta(a|s) q^\pi(s, a),$$

其中 $d^\pi(s)$ 是关于 π_θ 的马尔可夫链的平稳分布. 为简单计, 当策略出现在其他函数中时, 策略 π_θ 的参数 θ 将被省略. 例如, d^{π_θ} 写成 d^π, q^{π_θ} 写成 q^π 等.

随着时间的推移, 不断转移的马尔可夫链最终到达一个状态的概率是不变的, 这就是 π_θ 的平稳概率. 从 t 步开始并遵循策略 π_θ 时, $s_t = s$ 的概率为:

$$d^\pi(s) = \lim_{t \to \infty} P(s_t = s|s_0, \pi_\theta).$$

显然, 基于策略的方法在连续空间中更有用. 这是因为有无限数量的行动和 (或) 状态来估计其值, 因此基于价值的方法在连续空间中的计算成本太高. 例如, 在广义策略迭代中, 策略改进步骤 $\arg\max_{a \in A} q^\pi(s, a)$ 需要对动作空间进行全面扫描, 从而导致维数灾难.

使用梯度上升法可以朝着梯度建议的方向移动, 以找到产生最高回报的最佳方向. 计算梯度 $\nabla_\theta J(\theta)$ 不易, 取决于 π_θ 直接确定的行动选择和跟随目标选择行为的状态的平稳分布 (由 π_θ 间接确定). 鉴于环境通常是未知的, 很难估计策略更新对状态分布的影响. 下面的策略梯度定理 (这里不给出证明) 不涉及分布 $d^\pi(\cdot)$ 的求导, 这简化了梯度 $\nabla_\theta J(\theta)$ 的大量计算.

定理 2.2 策略梯度定理 (policy gradient theorem). 对于可微的策略 π_θ, 策略梯度为:

$$\nabla_\theta J(\theta) = \nabla_\theta \sum_{s \in S} d^\pi(s) \sum_{a \in A} q^\pi(s, a) \pi_\theta(a|s)$$
$$\propto \sum_{s \in S} d^\pi(s) \sum_{a \in A} q^\pi(s, a) \nabla_\theta \pi_\theta(a|s).$$

2.3.8 off-policy, on-policy 和 offline RL

在强化学习的发展中, 生成了很多概念, 有人把强化学习分类成 off-policy (可译为 " 离策略 "), on-policy (可译为 " 策略上 ") 及 offline (可译为 " 离线 "). 无论如何翻译, 都很难避免误解, 因而后面直接用英文原文来表达这些概念. 其实这些分类缺乏逻辑上严格的定义, 很大程度上依赖于人们的主观而又不乏争议的理解, 下面对这三个概念做简单的大体上的解释.

一个策略 $\pi(a|s)$ 是在状态 s 和行动 a 之间的投影的概率, 不是所有策略都是最优的, 因此, 人们需要改进策略, 这就有两种方法: on-policy 或者 off-policy.

其中 on-policy 方法试图估计或改进已经用于决策的相同策略, 而 off-policy 方法试图估计或改进不同于已经用于生成数据的策略. 短语 "off" 意味着 " 关闭 " 前一个策略.

假定我们通过在所需的马尔可夫环境中执行少量策略 $\pi_1, \pi_2, \ldots, \pi_N$ 来收集经验. 这些可能是已知相当好的现存策略, 也可能是旨在探索状态和行动空间的用于开发的策略. 无论哪种情况, 我们都以 (s, a, r, s') 的形式收集我们的经验 (参见图 1.4.1), 其中 s 是某时刻的环境状态, a 是执行的行动, r 是收到的奖励, s' 是 (下一个时刻的) 结果状态. 假如现在想要评估一个新的策略 π' 来估计它的预期累积折扣奖励. 我们可以通过在真实环境中执行 π' 来做到这一点, 但通常这很难, 并且可能导致现实世界中的巨大损失 (例如自动驾驶汽车发生事故). 相反, 我们想使用收集到的经验来评估 π'. 这是 off-policy 的策略评估.

off-policy 方法旨在通过一系列 off-policy 策略评估来找到一个好的甚至是最优的策略. 假设 π_θ 是由一组权重 θ 定义的策略, 例如, π_θ 可以是一个用于选择行动的神经网络. 使用 off-policy 策略评估, 我们可以估计 π_θ 的期望值 (累积折扣奖励) 及其相对于 θ 的梯度. 然后我们可以通过在梯度方向上迈出一步来更新 θ 并重复. 另一种方法是应用全局搜索方法, 例如进化算法或高斯过程. 这些也需要许多 off-policy 的策略评估.

off-policy 评估不如 on-policy 评估准确. 如果正在评估的策略 π' 与用于收集经验的初始策略 $\pi_1, \pi_2, \ldots, \pi_N$ 非常不同, 那么我们无法获得对其值的非常准确的估计. 在这种情况下, 需要通过在真实的马尔可夫环境中执行 π' 来 "on-policy 地" 收集更多的经验.

on-policy RL

通常, 这些经验是使用**最新学习到的策略**收集的, 然后使用该经验来改进策略. 这是代理与环境为收集样本所做的在线互动.

在策略强化学习中, 策略 π_k **使用 π_k 自身收集的数据进行更新**. 我们优化当前策略 π_k 并使用它来确定接下来要探索和采用的空间和动作. 这意味着将尝试改进代理已经用于选择行动的相同策略. 生成数据的策略称为**行为策略** (behavior policy).

在 on-policy 方法中, 行为策略恒等于用于行动选择的策略.

以例 1.3 格子路径问题来说, 在什么信息都没有的时候, 必须采取随机行动以获取知识, 但当已经有了一定知识时就可以利用这些知识. ϵ 贪婪算法就是在探索和开发之间达到某种平衡. 因此, on-policy 方法通过以软策略[4]的形式包含随机性来解决探索与利用的困境, 这意味着以一定的概率选择非贪婪动作. 以 ϵ 贪婪为例, 因为从行动空间随机选择行动的概率为 ϵ, 而选择任何非最优行动的概率为 $\epsilon/|A(s)|$. 然而遵从最优行动的概率将总是高一些, 因为我们有 $1 - \epsilon$ 的概率选择它. 值得注意的是, 由于最优动作的采样频率高于其他动作, 因此 on-policy 的算法通常会收敛得更快, 但也有将代理陷入函数局部最优值的风险. SARSA (参见 3.2.1 节) 是一个典型的 on-policy 方法. 其他 on-policy 方法包括: 策略迭代、PPO、TRPO 等等.

---

[4]所谓软策略是一种选择任何可能动作的 (通常小而有限的) 概率. 当奖励和/或状态转换是随机的时候, 理论上拥有一个有可能选择任何动作的策略很重要, 因为人们永远不能 100% 确定对一个行动真实价值的估计. 软策略对于探索替代动作的实际目的很重要, 可以为 RL 算法的收敛提供理论上的保证.

off-policy RL

在经典的 off-policy 设置中, 代理的经验被附加到数据缓存区 (data buffer) (也称为重放缓存区 (replay buffer)) $\mathcal{D}$ 中, 每个新策略 π_k 收集额外的数据, 使得 $\mathcal{D}$ 由来自 $\pi_0, \pi_1, \ldots, \pi_k$ 的样本组成, 而且所有这些数据都用于训练更新的新策略 π_{k+1}. 代理与环境互动收集样本.

off-policy 学习允许在计算中使用旧样本 (使用旧策略收集的数据). 为了更新策略, 从其自己先前策略获得的信息和从互动的缓存区中对经验进行抽样. 这提高了样本效率, 因为避免了在策略更改时重新收集样本.

在 off-policy 方法, 行为策略<u>不等于</u>用于行动选择的策略.

off-policy 方法为探索与利用问题提供了不同的解决方案. 虽然 on-policy 方法试图改进用于探索的相同 ϵ 贪婪策略, 但 off-policy 方法有两个策略: 行为策略和目标策略. 行为策略用于探索和情节生成, 目标或目标策略 π 用于函数估计和改进.

这种方法之所以是有效的, 是因为目标策略 π 获得了环境的一个总体概念, 并且可以从行为策略的潜在错误中学习, 同时仍然跟踪好的行为并试图找到更好的行为. 然而, 需要明白, 在 off-policy 方法中, 试图估计的东西和从中抽样的东西之间存在分布不匹配. 这就是为什么经常使用一种称为重要性抽样 (importance sampling) 的技术来应付这种不匹配. 这些行为策略包括: Q 学习、DQN、DDQN、DDPG 等.

例 2.2 Q 学习和 SARSA 学习的例子. 典型的例子是比较 SARSA 学习与 Q 学习. 假设 s 指的是当前状态, a 是当前行动, r 是收到的奖励, s' 是下一个状态, a' 是在 s' 处选择的行动.

在 SARSA 学习中每一步的更新都基于 (s, a, r, s', a'), 也就是说, 根据在状态 s' 实际采取的行动 (比如根据既定随机挑选策略采取的行动) 来更新 $q(s, a)$, 所以它是 on-policy 方法. 在 Q 学习中的更新是 $(s, a, r, s', \max_{a'} q(s', a'))$, 因此根据期望在 s' 处的最佳行动进行更新, 但不是那个实际采取的行动. 所以 Q 学习是 off-policy 方法.

offline RL

offline 强化学习方法利用先前收集的数据, 无须额外在线数据收集. 代理不再具有与环境互动的能力来使用行为策略收集其他转移. 该学习方法提供了一个固定互动的静态数据集 $\mathcal{D}$, 并且必须学习可以使用该数据集的最佳策略. 该学习方法无法访问其他数据, 因为它无法与环境互动.

在 offline RL 方法中, <u>不存在行为策略</u>.

2.4　蒙特卡罗抽样

前面已经多次提到蒙特卡罗 (MC) 抽样技术. 当环境是先验未知时, 必须对其进行探索以建立 V 价值函数或 Q 价值函数的估计. 这时, 蒙特卡罗抽样是最简单的解决方法, 与动态规划相比, 蒙特卡罗方法不需要完全了解环境或环境模型. 只需要从与环境的实际或模拟交互中获得的状态、行动和奖励的抽样序列等经验.

蒙特卡罗方法是基于平均样本回报解决强化学习问题的方法. 为了确保有明确定义的回报可用, 我们只为情节任务定义蒙特卡罗方法, 也就是说, 假设经验被划分为称为情节的一些片段, 蒙特卡罗方法基于在逐情节或逐集 (episode-by-episode) 的意义上的平均完整回报, 也就是说, 我们假设经验被划分为情节, 并且无论选择什么行动, 所有情节最终都会终止. 只有在一个情节结束时, 价值估计和策略才会改变. 因此, 蒙特卡罗方法在逐情节意义上是增量的, 但不是逐步意义上的. "蒙特卡罗" 虽然为具有广泛意义的术语, 但这里仅专门用于基于平均完整回报的方法 (与从部分回报中学习的方法相反).

例 2.3 蒙特卡罗策略评估 (结合例 1.3). 在进一步描述蒙特卡罗方法之前, 参考例 1.3 来看策略评估. 策略评估方法旨在估计给定策略 π 的价值函数 v^π 或 q^π. 通常这些是 on-policy 方法, 并且所考虑的策略被假定为平稳 (或几乎平稳) 的. 策略评估通常用作演员 – 批评者架构的 "批评者" 部分. 与更复杂的方法进行比较, 蒙特卡罗方法是最直接的. 蒙特卡罗方法基于对随机度量多个随机样本进行平均以估计其平均值.

设 π 是一个固定的平稳策略. 假设我们希望评估价值函数 q^π, 则

$$q^\pi(s,a) = E_\pi\left[\sum_{t=0}^{T} \gamma^t r(s_t, a_t)\,\middle|\, s_0 = s, a_t = a\right],$$

这里对于折扣 $0 < \gamma \leqslant 1$, T 可以等于 ∞, 而在有限视界情况, 往往 $\gamma = 1$, 而 T 一般是有穷的随机视界.

首先考虑有限视界的问题. 可从任意初始条件开始到 T 时为止做多次 (比如 k 次) 试验来评估 q^π. 每一次在时间 t_s 访问 s, 并采用各种行动 $a \in A(s)$ 最终得到 $\hat{v}_i(s,a) = \sum_{t=t_s}^{T_s} r(s_t, a_t)$ (在折扣情况, $\hat{q}_i(s,a) = \sum_{t=t_s}^{T_s} \gamma^{t-t_s} r(s_t, a_t)$), 如此, 对 $i = 1, 2, \ldots, k$, 得到 $\hat{q}_i(s,a)$, 最终的关于 (s,a) 的 $q(s,a)$ 的估计为均值 $\hat{q}^{(k)}(s,a) = \frac{1}{k}\sum_{i=1}^{k} \hat{q}_i(s,a)$. 经过所有的 $s \in S, a \in A(s)$ 后, 就有了关于价值函数 $q^\pi()$ 的全部信息, 这种对 $q^\pi(s,a)$ 估计的方法也称为 **Q 方法**. 但对各个状态的访问存在不同的情况:

1. 每个 s 都是计算 $\hat{q}_i(s,a)$ 的初始状态.
2. 每次经过 s 时都对所有 $a \in A(s)$ 计算 $\hat{q}_i(s,a)$.
3. 仅仅在每次试验第一次遇到 s 时对所有 $a \in A(s)$ 计算 $\hat{q}_i(s,a)$.

在 2.1.4 节关于例 1.3 的计算程序中使用的是上面的方法 2. 但无论哪种方法都保证收敛: $\hat{q}_i(s,a) \to q^\pi(s,a)$. 当然可以迭代计算 $\hat{q}^{(k)}(s,a) = \hat{q}^{(k-1)}(s,a) + \alpha_k[\hat{q}_i(s,a) - \hat{q}^{(k-1)}(s,a)]$, 这里的 $\alpha_k = 1/k$ (对于折扣情况 $\alpha_k = \gamma/k$). 例 1.3 没有使用迭代, 是直接计算的.

正如在例 1.3 中我们所做的那样, 蒙特卡罗方法对每个状态 – 行动对进行抽样并对回报做平均. 因此, 必须知道, 在一个状态下采取某行动后的回报取决于在同一情节中后续的状态下采取的行动. 这样, 从早期状态的角度来看, 问题变得非平稳, 因为所有的行动选择都是在持续学习过程中. 为了处理这种非平稳性, 采用了通用的**策略迭代** (policy iteration) 思想. 而价值函数是通过 MDP 从样本返回中学习的.

尽管 MC 和 DP 方法之间存在差异, 但最重要的思想还是从 DP 延续到 MC. 我们不仅计算相同的价值函数, 而且它们以基本相同的方式相互作用以达到最优. 类似于 DP, 首先考虑策略评估, 计算和针对固定的任意策略, 其次是策略改进, 最后是广义策略迭代. 从 DP 获取的这些想法中的每一个都被扩展到只有样本经验可用的 MC 情况.

2.4.1 MC 策略评估

首先考虑使用蒙特卡罗方法来学习给定策略的状态值函数. 一个状态的价值是从那个状态开始的累积未来折扣奖励的期望. 因此, 从经验中估计它的一个明显方法是简单地对访

问该状态后观察到的奖励或回报进行平均. 随着观察到更多的回报, 平均值应该收敛到期望值. 这个想法是所有蒙特卡罗方法的基础.

具体地说, 假定给定了通过状态 s 并使用策略 π 所得到的一组情节, 希望以此来估计状态值 $v^\pi(s)$. 一个情节中每次出现的状态 s 为对 s 的一次访问. **每次访问 MC 方法** (every-visit MC method) 估计 $v^\pi(s)$ 等于一组情节中所有访问后的平均回报. 在给定的情节中, 第一次被访问称为第一次访问. **首次访问 MC 方法** (first-visit MC method) 仅对首次访问 s 后的回报进行平均. 这两种蒙特卡罗方法非常相似, 但理论性质略有不同. 首次访问 MC 方法 (由于比每次访问 MC 方法要容易些) 得到了最广泛的研究, 前面的例 1.3 使用的是每次访问 MC 方法. 数学上可以证明, 当访问 s 的次数趋于无穷大时, 首次访问 MC 方法和每次访问 MC 方法的价值估计都会收敛.

使用蒙特卡罗方法时, 每个状态的估计都是独立的. 与 DP 一样, 对一个状态的估计并不建立在对任何其他状态的估计之上. 此外, 估计单个状态值的计算量与状态数无关.

2.4.2　MC 状态 – 行动值的估计

策略评估问题是估计关于状态 – 行动对 (s, a) 的状态 – 行动值 $q^\pi(s, a)$, 它是从状态 s 开始遵循策略 π 采取行动 a 的期望回报. 每次访问 MC 方法将状态 – 行动对的值估计为访问选择该动作的状态后的回报的平均值. 首次访问 MC 方法平均每个情节中第一次访问状态并选择操作后的返回. 随着对每个状态 – 行动对的访问次数接近无穷大, 这些方法以二次方收敛到真实的期望值. 前面例 1.3 就做了状态 – 行动值 $q^\pi(s, a)$ 的估计.

例 1.3 的状态 – 行动对是有限的, 但在实际问题中, 许多相关的状态-动作对可能永远不会被访问. 如果 π 是确定性策略, 按照 π 将仅观察每个状态的其中一个行动的返回. 由于没有回归平均值, 蒙特卡罗方法对其他行动的估计不会随着经验的积累而改善. 这是一个严重的问题, 因为学习动作值的目的是帮助在每个状态下全部可用的动作中进行选择. 为了比较备选方案, 需要估计每个状态的所有行动的价值, 而不仅仅是目前喜欢的行动. 这要求访问每个状态 – 行动对的概率为正.

2.4.3　on-policy: Q 价值的 MC 估计

相应地, MC 方法也分为 on-policy 方法和 off-policy 方法. on-policy 方法试图评估或改进用于做出决策的策略, 而 off-policy 方法评估或改进与用于生成数据的策略不同的策略.

状态的价值被定义为预期回报, 或者更准确地说是从想要评估的当前状态开始的期望累积未来折扣奖励. 根据经验估计状态值的一种直观方法是, 对访问状态后观察到的回报进行平均. 随着观察到的回报越来越多, 平均值应该收敛到期望值. 这个简单的想法是所有蒙特卡罗方法的基础.

如果给定环境模型, 可以简单地向前看一步, 然后选择导致奖励和下一个状态的最佳组合的任何行动. 然而大多数情况没有给出环境模型. 这意味着, 仅状态价值 $v^\pi(s)$ 是不够的. 为了在提出一项策略时有用, 必须具体估计每项行动的价值. 因此, MC 方法的主要目标之一是估计 q^*, 这就需要估计 $q(s, a)$, 即从状态 s 开始, 采取行动 a 并随后遵循策略时的预期回报. 对此的 MC 方法本质上与仅针对状态价值 s 提出的方法相同, 只不过现在用于访问状态 – 行动对 (s, a) 而不仅是状态 s.

这种方法的唯一问题是, 许多状态 – 行动对永远不会被访问. 因此, 如果策略是确定性的, 那么遵循该策略, 人们只会观察到每个状态的其中一个行动的回报. 由于没有回报的平均值, 蒙特卡罗方法对其他行动的估计不会随着经验增加而改善.

为了对不同行动进行行动价值的策略评估, 需要估计每个状态的所有行动的价值, 而不是当前看上去好的那个. 因此, 必须确保持续探索.

方法之一是指定 episode 以随机选中的状态 – 行动对开始, 并且每个状态 – 行动对都可能在第一次被随机选中. 这保证了所有状态 – 行动对将 (在作为极限的角度) 被访问无限次. 这称为**探索的开始** (exploring starts, ES). 当然, 不能普遍依赖探索的开始, 特别是在直接从与环境的实际交互中学习时. 上面描述的具有探索开始的 MC、ES 方法是 on-policy 方法的一个示例.

在 on-policy MC 控制方法中, 策略通常是**软的** (soft), 即概率

$$P(a|s) > 0, \quad \forall a \in A(s), \forall s \in S.$$

但是随着时间的推移, 逐渐接近确定性策略. ϵ **软** (epsilon-soft) 策略定义为对于 $\epsilon > 0$, 选择行动 a 的概率为:

$$\pi(a|s) \geqslant \frac{\epsilon}{|A(s)|}, \quad \forall a \in A(s), \forall s \in S.$$

也就是说, 所有行动都以正概率被选上. ϵ 软策略的一个例子是ϵ **贪婪** (epsilon-greedy) 策略, 令 a^* 为满足

$$a^* = \arg\max_{a \in \pi} q^{\pi}(s, a)$$

的关于 $q^{\pi}(s, a)$ 的**贪婪行动** (greedy action), 那么 ϵ 贪婪策略定义为:

$$\pi(a|s) = \begin{cases} 1 - \epsilon + \dfrac{\epsilon}{|A(s)|}, & a = a^*, \\ \dfrac{\epsilon}{|A(s)|}, & a \neq a^*. \end{cases}$$

任何关于 q^{π} 的 ϵ-greedy 策略都是对任何 ϵ-soft 策略 π 的改进, 这是由策略改进定理决定的. 令 π' 为 ϵ-greedy 策略, 策略改进定理的条件适用, 因为可以得到

$$q^{\pi}(s, \pi'(s)) = \sum_a \pi'(a|s) q^{\pi}(s, a) = \frac{\epsilon}{|A(s)|} \sum_a q^{\pi}(s, a) + (1 - \epsilon) \max_a q^{\pi}(s, a)$$

$$\geqslant \frac{\epsilon}{|A(s)|} \sum_a q^{\pi}(s, a) + (1 - \epsilon) \sum_a \frac{\pi(a|s) - \frac{\epsilon}{|A(s)|}}{1 - \epsilon} q^{\pi}(s, a)$$

$$= \frac{\epsilon}{|A(s)|} \sum_a q^{\pi}(s, a) - \frac{\epsilon}{|A(s)|} \sum_a q^{\pi}(s, a) + \sum_a \pi(a|s) q^{\pi}(s, a)$$

$$= v^{\pi}(s), \quad \forall s \in S.$$

注意, 选择所有可能行动的概率为 1:

$$P(a = a^*) + P(a \neq a^*) = 1 - \epsilon + \frac{\epsilon}{|A(s)|} + \sum_{a \neq a^*} \frac{\epsilon}{|A(s)|} = 1 - \epsilon + \frac{\epsilon}{|A(s)|} + \frac{\epsilon|A(s) - 1|}{|A(s)|}$$

$$= 1 - \epsilon + \epsilon = 1.$$

使用ϵ 贪婪策略意味着大多数时候选择具有最高估计值的行动, 并且以 ϵ 的概率选择随

机行动. 这种方式可以保证持续的探索. 在该策略中, 所有非贪婪行为都被赋予最小的选择概率 $\epsilon/|A(s)|$, 这里 $|A(s)|$ 是在状态 s 的可能行动的数量. 而剩下的概率被赋予贪婪行为. 对于 $\epsilon > 0$, 在 ϵ 软策略中, ϵ 贪婪策略在某种意义上最接近 (纯) 贪婪策略.

另一种解决方案是 softmax (或 Gibbs 分布) 行动选择方法, 它根据每个行动的相对 Q 价值 (这里利用了 softmax 函数, 因而得名) 为每个行动分配被选择的概率:

$$\pi(a|s) = \frac{\exp[q^\pi(s,a)]/\tau}{\sum_{a'} \exp[q^\pi(s,a')]/\tau}, \tag{2.4.1}$$

式中, τ 为温度的正参数: τ 的值如果很高, 则会导致几乎等概率地选择所有行动. 当 $\tau = 1$ 时, 上式则为 Q 值的标准 softmax 函数.

2.4.4 off-policy: MC 预测

所有学习控制方法都面临探索和开发的平衡: 既要试图学习后续最优行动, 又要在非最优行动中探索所有行动以最终找到最优行动. 前面描述的 on-policy 方法是一种折中方案, 其所学习的行动, 不是为了一个最优策略, 而是一个仍然在探索中的接近最优的策略.

on-policy 方法的显著特征是它们在使用策略进行控制时会估计所使用策略的价值. 在 on-policy 方法中, 行为策略和目标策略相同. 在 off-policy 方法中, 用于生成行动的行为策略 (通常用 $\pi'(a|s)$ 或 $b(a|s)$ 表示) 可能和被评估和改进的用 $\pi(a|s)$ 表示的目标策略 (也称为估计策略) 无关. 这种分离的一个优点是估计策略可能是确定性的 (例如, 贪婪的), 而行为策略可以继续对所有可能的行动进行抽样.

off-policy MC 控制方法使用前面介绍的技术来估计一个策略的价值函数, 同时遵循另一个策略. 它遵循行为策略, 同时学习和改进估计策略. 该技术要求行为策略选择估计策略可能选择的所有行动的概率为正概率. 为了探索所有可能性, 我们要求行为策略是软的.

off-policy 方法具体的逻辑步骤为:

1. 首先设定任意的 $q(s,a)$ 及策略 π, 并且把 $q(s,a)$ 的分子 $N(s,a)$ 和分母 $D(s,a)$ 设为 0.
2. 重复下面的步骤:
   (1) 选择策略 π', 并生成情节 (轨迹)
   $$s_0, a_0, r_1, s_1, a_1, r_2, \ldots, s_{T-1}, a_{T-1}, r_T.$$
   (2) 记 τ (不是轨迹) 为使得 $a_\tau \neq \pi(s_\tau)$ 的最近的时间, 即
   $$\tau \leftarrow \arg\max_t [a_t \neq \pi(s_t)].$$
   (3) 对于情节中出现在 τ 及其后的每一对 (s,a):
   $$t \leftarrow \text{首次出现 } (s,a) \text{ 对的时间 } (t \geqslant \tau);$$
   $$w \leftarrow \prod_{k=t+1}^{T-1} \frac{1}{\pi'(s_k, a+k)};$$
   $$N(s,a) \leftarrow N(s,a) + wR_t;$$
   $$D(s,a) \leftarrow D(s,a) + w;$$
   $$q(s,a) \leftarrow \frac{N(s,a)}{D(s,a)}.$$

(4) $\pi(s) \leftarrow \arg\max_a q(s,a), \ \forall s \in S.$

与往往更简单且首先被考虑的 on-policy 方法相比, 因为所基于的数据来自不同的策略, 离策略方法需要额外的概念和描述方式. 一方面, off-policy 方法通常具有更大的方差及较慢的收敛速度. 另一方面, off-policy 方法更强大、更通用, 也可包括某些目标和行动策略相同的 on-policy 方法作为特例. off-policy 方法有广泛的应用, 比如可以用于从传统的非学习控制器或人类专家生成的数据中学习.

off-policy 方法的优点是可以使用领域知识来限制状态 – 行动空间中的搜索. 例如, 在象棋中必须符合规矩和常识的棋步才会被实际探索, 而不是随机的棋步. off-policy 方法的明显缺点是, 如果行为策略没有探索出最优解决方案, 则代理无法自行发现它.

2.4.5 MC 的策略梯度

MC 的策略梯度依赖于 MC 方法使用情节样本更新策略参数 θ 来估计回报. 其关键是因为样本梯度的期望值等于实际梯度:

$$\nabla_\theta J(\theta) = E_\pi[q^\pi(s,a)\nabla_\theta \ln \pi_\theta(a|s)]$$
$$= E_\pi\left[\sum_{k=0}^\infty \gamma^k r_{t+k+1}\nabla_\theta \ln \pi_\theta(a_t|s_t)\right] \ (\text{第 } t \text{ 步时})$$
$$\equiv E_\pi[G_t\nabla_\theta \ln \pi_\theta(a_t|s_t)].$$

这里记 $G_t = \sum_{k=0}^\infty \gamma^k r_{t+k+1}$, 我们能够从基于 π_θ 生成的真实样本轨迹

$$\tau = (s_1, a_1, r_2, s_2, a_2, \ldots, s_T)$$

中对 G_t 进行测量, 并使用它来更新我们的策略梯度. 由于它依赖于完整的轨迹, 因此使用蒙特卡罗方法.

这个过程为:

1. 随机初始化策略参数 θ.
2. 生成关于策略 π_θ 的轨迹 τ.
3. 估计回报 G_t.
4. 更新策略参数: $\theta \leftarrow \theta + \alpha\gamma^t G_t\nabla_\theta \ln \pi_\theta(a_t|s_t)$.

只要有可能, 人们总是从回报中减去基线值, 以减少梯度估计的方差, 同时保持偏差不变. 例如, 一个常见的基线是从动作值中减去状态值, 如果可能, 在梯度上升更新中使用**优势** (advantage) $A(s,a) = q(s,a) - v(s)$.

2.5 和本章概念相关的例子

2.5.1 例 1.3 格子路径问题使用 Bellman 方程做价值迭代

为了对例 1.3 使用 Bellman 方程做价值迭代, 我们编写了下面的函数:

```
def TD(nb_ep = 5000, alpha = 0.05, gamma = 0.9):
    D=env.state_space
    v={}
    for i in D:
```

```
        v[D[i]]=0
    for i in range(nb_ep):
        x=np.random.randint(1,env.nS-1)
        env.s=D[x]
        done=False
        while not done:
            a = np.random.choice(env.nA, 1)
            s1, r, done = env.step(a)
            v[env.s] = v[env.s] + alpha * (r + gamma * v[s1] - v[env.s])
            env.s = s1
    V=np.array(list(v.values())).reshape((4,4))
    # 下面两个赋值语句只为了说明奖励和惩罚终点 (数值在两极端值外即可)
    V[(0,0)]=30;V[(3,3)]=-60

    # 根据V值计算行动
    action=V.copy()
    for i in range(1,env.nS-1):
        ai=[V[env.step(a,D[i])[0]] for a in range(env.nA)]
        action[D[i]]=np.argmax(np.array(ai))
    return V, action
```

执行该函数:

```
env=Gridworld()
TD(nb_ep = 500,alpha = 0.05,gamma = 0.9)
```

输出两个矩阵, 第一个矩阵为各个状态的 V 价值 (除了两个终点值之外), 显然, 越接近左上角奖励终点的 V 价值相对越大, 而越接近右下角的惩罚终点的 V 价值相对越小. 第二个矩阵是根据上面第一个矩阵表示的 V 价值大小和从低价值到高价值行动的原则得到的最优行动. 矩阵中的整数 1 代表向左, 2 代表向上.

```
(array([[ 30.        ,  12.78946224,  -4.34214258, -10.74444105],
       [  4.4853781 ,  -4.920313  , -15.81359957, -17.29709179],
       [ -9.58241032, -15.37768363, -23.36424639, -34.47894756],
       [-12.60766988, -20.58708789, -35.15672271, -60.        ]]),
 array([[ 30.,   1.,   1.,   1.],
       [  2.,   2.,   2.,   2.],
       [  2.,   2.,   1.,   2.],
       [  2.,   1.,   1., -60.]]))
```

2.5.2　例 1.3 格子路径问题的 TD 函数

虽然是同一个数据, 但 TD 函数的代码和 2.1.4 节的 QMatrix 函数不同, 它具有以下几个特点:

1. TD 函数在每个情节并不是一次性地计算每个状态的累积奖励, 而是利用 Bellman 方程来迭代, 具体来说就是下式

$$v(s_t) \leftarrow \sum_{a \in A} \pi(a|s_t) \sum_{s_{t+1} \in S} p(s_{t+1}|s_t, a)[r(s_t, a, s_{t+1}) + \gamma v(s_{t+1})]$$

$$= r_{t+1} + \gamma v(s_{t+1})$$

(2.5.1)

的改进型 (参见式 (3.1.5)). 也就是说, 每次保留部分 $(1 - \alpha)$ 前面的结果来 "慢慢" 修正. 这是下式所表明的:

$$v(s_t) \leftarrow (1 - \alpha)v(s_t) + \alpha[r_{t+1} + \gamma v(s_{t+1})]$$

$$= v(s_t) + \alpha[r_{t+1} + \gamma v(s_{t+1}) - v(s_t)].$$

(2.5.2)

上面这种部分改进的方法是后面要介绍的暂时差 (TD) 方法的主要概念, 对于例 1.3 的结果来说, 是否采用 TD 方法 (即 α 是否不为 0) 关系不大. 关于上面公式和代码的对照, 有下面的说明:

- 式 (2.5.1) 中的 $\pi(a|s_t)$ 在代码中是完全从每个状态 s_t 的 4 种行动中选择一个, 所用代码为 a = np.random.choice(env.nA, 1).
- 式 (2.5.1) 中的 $p(s_{t+1}|s_t, a)$ 已经根据环境定义在 2.1.4 节中.
- 式 (2.5.1) 中的 $r(s_t, a, s_{t+1})$ 也已经根据环境定义在 2.1.4 节中, 可用 r_t 表示.
- 代码中的 r+gamma*v[s1]-v[env.s] 对应于式 (2.5.2) 中称为暂时差 (TD) 的 $r_{t+1} + \gamma v(s_{t+1}) - v(s_t)$, 该项代表了新旧值之间的暂时差距.

2. 这里并没有如 QMatrix 函数那样对每个状态 – 行动对 (s, a) 计算累积奖励, 仅仅计算了 V 价值.

3. 这里用 action 表示的策略结果是从前面的 V 价值直接算出来的, 而不是从迭代中得到的, 有些类似于根据 Q 矩阵得到的行动策略. 如果前面迭代次数 (情节数目) 不够, 很可能得到的策略就不是最优的, 当然本例的结果的确是最优策略之一.

第 3 章　各种机器学习算法及实例

这一章介绍一些具体的强化学习算法, 作为第 2 章内容的一种实现和说明. 在 3.4 节把这些算法应用于在前面 1.7 节引入的一些例子. 强化学习的算法非常多, 数不胜数, 随时都有新算法出现. 本章所列举的若干算法仅仅是为了使读者更容易熟悉强化学习的各种基本理念. 相信读者将会在广泛的实践中开发更多的算法.

3.1　暂时差 (TD) 简介

3.1.1　TD、DP 和 MC 算法的比较

强化学习算法的一个核心是**暂时差** (temporal difference, TD) 算法. TD 是 MC 和 DP 思想的结合. TD 兼具 MC 和 DP 的优势, 是一种更快、无模型、更准确地解决强化学习问题的方法. 与 MC 一样, TD 可以直接从原始经验中学习, 而无需环境动态模型. 与 DP 一样, TD 部分基于其他算法估计来更新估计, 而无须等待最终结果 (自助 (bootstrap) 性质). TD、DP 和 MC 算法之间的关系是强化学习理论中反复出现的主题.

像往常一样, 我们首先关注策略评估或预测问题, 即估计给定策略的价值函数. 对于控制问题 (寻找最优策略), DP、TD 和 MC 方法都使用了广义策略迭代 (generalized policy iteration, GPI) 的一些变体. 各方法的不同主要体现在它们解决预测问题的方法的不同.

TD 和 MC 方法都使用经验来解决预测问题. 鉴于遵循政策 π 的一些经验, 这两种方法都会更新它们对 v^π 的估计 v. 如果在 t 时间访问了一个非终端状态 s_t, 那么这两种方法都会根据该访问之后发生的情况更新它们的估计 $v(s_t)$. 根据式 (2.2.3), 有

$$v^\pi(s_t) = E_\pi[R_t|S_t = s] \tag{3.1.1}$$

$$= E[r_{t+1} + \gamma v^\pi(s_{t+1})|s_t = t]. \tag{3.1.2}$$

下面看这三种方法为估计 $v(s_t)$ 而采用的更新规则:

1. 在 DP 方法中的更新为:

$$v(s_t) \leftarrow \sum_a \pi(a|s_t) \sum_{s',r} p(s',r|s_t,a)[r + \gamma v(s')]$$

$$= \sum_{s',r} p(s',r|s_t,\pi(s_t))[r + \gamma v(s')]$$

$$= r(s_t,\pi(s_t)) + \gamma \sum_{s'} p(s'|s_t,\pi(s_t))v(s'). \tag{3.1.3}$$

注意: 在式 (3.1.3) 中的 $r(s_t,\pi(s_t))$ 和 $p(s'|s_t,\pi(s_t))$ 一般是未知的, 必须用估计值.

2. 粗略地说, MC 方法等到访问后的回报已知时才将该回报作为 $v(s_t)$ 的目标. 适用于非

平稳环境下简单每次访问蒙特卡罗方法的更新为:

$$v(s_t) \leftarrow (1-\alpha)v(s_t) + \alpha R_t$$
$$= v(s_t) + \alpha[R_t - v(s_t)]. \tag{3.1.4}$$

其中, R_t 是时间 t 之后的实际回报, α 是一个恒定的步长参数 (学习率). 此方法称为常量 α MC. 而 MC 方法必须等到情节结束才能确定对 $v(s_t)$ 的增量 (只有那时才知道). MC 方法的目标值为 R_t 的估计值, 即式 (3.1.1) 的估计值. 注意, 在式 (3.1.4) 中, 有

$$R_t = r_{t+1} + \gamma v^\pi(s_{t+1}) = \sum_{k=0}^{\infty} \gamma^k r_{t+k+1}.$$

在 MC 情况下, 称 $\delta_t = R_t - v(s_t)$ 为 **TD(1)(误差)** (TD(1) (error)) 或者**奖励预测误差** (reward-prediction error, RPE)[1], 这时, 通过 RPE 的更新, 式 (3.1.4) 可写为:

$$v(s_t) \leftarrow v(s_t) + \alpha\delta_t.$$

3. TD 方法只需要等到下一个时间步. 在 $t+1$ 时刻立即形成一个目标, 并使用观察到的奖励 r_{t+1} 和估计 $v(s_{t+1})$ 进行有用的更新. 最简单的称为 TD(0) 的 TD 方法更新为:

$$v(s_t) \leftarrow (1-\alpha)v(s_t) + \alpha[r_{t+1} + \gamma v(s_{t+1})]$$
$$= v(s_t) + \alpha[r_{t+1} + \gamma v(s_{t+1}) - v(s_t)]. \tag{3.1.5}$$

式中, $r_{t+1} + \gamma v(s_{t+1})$ 是 $v(s_t)$ 的一个估计, 称为 TD 目标值. 因此从 $r_{t+1} + \gamma v(s_{t+1})$ 减去 $v(s_t)$ 意味着从目标值减去预测值, 通常称这个差值 $\delta_t \equiv r_{t+1} + \gamma v(s_{t+1}) - v(s_t)$ 为 **TD(0)** 或者 RPE, RPE 也用于 Q 价值的更新, 即 $\delta_t \equiv r_{t+1} + \gamma q(s_{t+1}, a_{t+1}) - q(s_t, a_t)$. 因此式 (3.1.5) 也可以写成

$$v(s_t) \leftarrow v(s_t) + \alpha\delta_t.$$

由于 $v(s_t)$ 的更新是基于 $v(s_{t+1})$ 的估计, 因此可以说这个方法是一种自助法 (bootstrap), 这是因为在每个状态 s 的收敛在状态之间是互相依赖的.

3.1.2 TD 方法的特点

上面已经指出, MC 方法使用式 (3.1.1) 的估计值作为目标, 而 DP 方法使用式 (3.1.2) 的估计值作为目标. MC 方法的目标是一个估计值, 因为式 (3.1.1) 中的期望值未知, 只能使用样本回报代替实际预期回报. DP 方法的目标是个估计值, 是因为 $v^\pi(s_{t+1})$ 未知而用当前估计值 $v_t(s_{t+1})$ 来代替. TD 方法的目标是一个估计值的原因有两个: 它对式 (3.1.2) 中的期望值进行抽样, 并且使用当前估计值而不是真实值. 可见, TD 方法将 MC 方法的抽样与 DP 方法的自助相结合.

TD 方法的主要优点是可以在转换后立即应用 V 价值或 Q 价值的更新, 无须等到 episode 结束, 甚至根本不需要 episode. 这称为在线学习并允许从单个转移中快速学习. 主要缺点是更新依赖于其他估计, 这些估计最初是错误的, 所有估计都正确之前需要一段时间. 可以证明, TD 方法保证收敛到正确答案. 对于任何固定策略 π, 已证明如果学习率 α 为足够小的常数, 上述 TD 方法平均收敛于 v^π; 如果学习率根据通常的随机近似统计值减小, 即 (这里

---

[1]作为术语, TD 是方法的名称, 也是这个量 δ 的名称, 也可以用重复的 "TD 差" 表示, 但使用 RPE 代表 δ 时, 不应该造成误解.

$\alpha_k(a)$ 表示第 k 次选择行动 a 所用的学习率 (步长)):

$$\sum_{k=1}^{\infty} \alpha_k(a) = \infty \ \ \text{及} \ \ \sum_{k=1}^{\infty} \alpha_k^2(a) < \infty, \tag{3.1.6}$$

则以概率 1 收敛. 大多数收敛证明仅适用于上述方法 TD(0), 但有些也适用于一般线性函数逼近的情况.

3.1.3 TD(0) 方法的延伸

前面的 TD(0) 方法只考虑前面一步基于 s_{t+1} 来更新 $v(s_t)$, 因此后面 (诸如 $v(s_{t+\ell})$ 在 $\ell > 1$ 的情况) 的改变不会在目前影响到 $v(s_t)$ (除非再访问 s_t 时才有机会). 为了多考虑未来几步, 可以定义 TD 为:

$$\delta_t^{(\ell)} = \sum_{m=0}^{\ell-1} [r_{t+m} + v(s_{t+\ell})] - v(s_t) = \sum_{m=0}^{\ell-1} \delta_{t+m}.$$

这里的 δ_t 为一步 TD. 因此更新为:

$$v(s_t) \leftarrow v(s_t) + \alpha \delta_t^{(\ell)}.$$

这种方法是在 TD(0) 和 MC 评估之间的中间地带 (请思考为什么如此说).

上面提到的是往前看 ℓ 步的 TD 方法, 另一种称为 TD(λ) 方法的思维是考虑所有未来的 TD, 但加以 "褪色的回忆" 权重:

$$v(s_t) \leftarrow v(s_t) + \alpha \left(\sum_{m=0}^{\infty} \lambda^m \delta_{t+m} \right), \tag{3.1.7}$$

这里 $0 \leqslant \lambda \leqslant 1$. 当 $\lambda = 0$ 时为 TD(0); 当 $\lambda = 1$ 时就是 MC 抽样. 如果到了视界 T 时运行就停止, 设 $\delta_t = 0, \ \forall t \geqslant T$.

TD(λ) 方法的收敛性质和 TD(0) 方法类似, 但在选对了 λ 时, 收敛速度可能比 TD(0) 方法或直接 MC 方法要快.

实现 TD(λ) 的方法包括:

1. off-line 实施: 在每次模拟情节后基于存储的序列 (s_t, δ_t) 利用式 (3.1.7) 更新.

2. 一旦得到 δ_t, 马上就使用, 利用下面向后更新 (也称为在线实施 (on-line implementation)):

$$v(s_{t-m}) \leftarrow v(s_{t-m}) + \alpha \lambda^m \delta_t, \ m = 0, 1, \ldots, t. \tag{3.1.8}$$

这只要求跟踪状态序列 $(s_t, t \geqslant 0)$. 当然多次出现的状态应该多次更新.

3. **资格迹实施** (eligibility-trace implementation):

$$v(s) \leftarrow v(s) + \alpha \delta_t e_t(s), \ s \in S, \tag{3.1.9}$$

式中 $e_t(s) = \sum_{k=0}^{t} \lambda^{t-k} I_{\{s_k=s\}}$ 称为资格迹 (eligibility trace).

资格迹 $e_t(s)$ 也可以递归计算: 设 $e_0(s) = 0$ 及

$$e_t(s) \leftarrow \lambda e_{t-1}(s) + I_{\{s_t=s\}} = \begin{cases} \lambda e_{t-1}(s) + 1, & s = s_t, \\ \lambda e_{t-1}(s), & s \neq s_t. \end{cases} \tag{3.1.10}$$

式 (3.1.9) 和式 (3.1.10) 提供了 TD(λ) 方法的完全递归实现.

在有折扣 (γ) 情况下的 TD 方法:

1. TD(0):
$$v(s_t) \leftarrow (1-\alpha)v(s_t) + \alpha[r_{t+1} + \gamma v(s_{t+1})] = v(s_t) + \alpha\delta_t,$$

这里 $\delta_t \equiv r_{t+1} + \gamma v(s_{t+1}) - v(s_t)$.

2. 向前看 ℓ 步:
$$v(s_t) \leftarrow (1-\alpha)v(s_t) + \alpha(r_t + \gamma r_{t+1} + \cdots + \gamma^\ell r_{t+\ell})$$
$$= v(s_t) + \alpha(\delta_t + \gamma\delta_{t+1} + \cdots + \gamma^{\ell-1}\delta_{t+\ell-1}).$$

3. TD(λ):
$$v(s_t) \leftarrow v(s_t) + \alpha\sum_{k=0}^{\infty}(\gamma\lambda)^k\delta_{t+k}.$$

资格迹实施为:
$$v(s) \leftarrow v(s) + \alpha\delta_t e_t(s),$$
$$e_t(s) \leftarrow \gamma\lambda e_{t-1}(s) + I_{(s_t=s)}.$$

3.2 TD 评估及策略改进

下面使用 TD 预测方法来解决控制问题, 并遵循广义策略迭代 (GPI) 的模式, 只是这次使用 TD 方法进行评估或预测的部分与蒙特卡罗方法一样, 需要权衡探索和开发, 方法同样分为 on-policy 和 off-policy.

3.2.1 SARSA (on-policy)

因为无法得到环境概率 (即马尔可夫矩阵), 我们必须对当前行为策略 π 以及所有状态 s 和行动 a 估计 $q^\pi(s,a)$. 也就是说, 为了实现策略改进, 需要学习状态 – 行动值函数 (Q 函数) $q^\pi(s,a)$, 而不是状态值函数 (V 函数) $v^\pi(s)$. 在策略迭代步骤, 回顾改进的策略为:

$$\pi'(s) \in \arg\max_a \left[r(s,a) + \gamma\sum_{s'} p(s'|s,a)v^\pi(s') \right]$$

$$\equiv \arg\max_a q^\pi(s,a).$$

(3.2.1)

那么如何估计 q^π 呢? 如果知道一步模型参数 $r(s,a)$ 和 $p(s'|s,a)$, 就可以根据式 (3.2.1) 估计价值函数 v^π:

$$q^\pi(s,a) = r(s,a) + \gamma\sum_{s'} p(s'|s,a)v^\pi(s').$$

但在多数情况下, 模型未知, 就需要在线估计那两个模型参数 (函数值). 也就是直接对 q^π 做估计: 这和在线估计 v^π 相同, 可用 MC 方法或 TD 方法. 下面是 SARSA 方法, 等价于 TD(0) 方法. 考虑由状态和状态 – 行动对的交替序列组成的一个情节:

$$s_t, a_t, r_{t+1}, s_{t+1}, a_{t+1}, r_{t+2}, s_{t+2}, \ldots.$$

现在考虑从状态–行动对到状态–行动对的转换, 并学习状态–行动对的价值. 在每一步观测到 $(s_t, a_t, r_{t+1}, s_{t+1}, a_{t+1})$, 并且进行更新:

$$q(s_t, a_t) \leftarrow q(s_t, a_t) + \alpha_t \left[r_{t+1} + \gamma q(s_{t+1}, a_{t+1}) - q(s_t, a_t) \right] = q(s_t, a_t) + \alpha_t \delta_t, \qquad (3.2.2)$$

式中:

$$\delta_t = r_{t+1} + \gamma q(s_{t+1}, a_{t+1}) - q(s_t, a_t).$$

类似的 SARSA(λ) 方法使用

$$q(s, a) \leftarrow q(s, a) + \alpha_t(s, a) \delta_t e_t(s, a),$$
$$e_t(s, a) \leftarrow \gamma \lambda e_{t-1}(s, a) + I_{(s_t = 1, a_t = a)}.$$

注意: 这里是 on-policy 情形, 使用策略 π, 在估计 Q 价值时需要比估计 V 价值更多的变量.

式 (3.2.2) 的更新在每次从非终结状态 s_t 转换后完成. 如果 s_{t+1} 是终结状态, 则定义 $q(s_{t+1}, a_{t+1}) \equiv 0$. 此规则用于 SARSA 组 $(s_t, a_t, r_{t+1}, s_{t+1}, a_{t+1})$ 中的每个元素, 它们构成从一个状态–行动对到下一个状态–行动对的转换. 这个 SARSA 方法的策略控制算法很简单. 与所有 on-policy 方法一样, 我们不断估计行为策略, 使用 Q 价值替换 V 价值的 TD(0) 方程. 该算法对于例 1.3 的 Python 实现参见 3.4.1 节.

这个非常简单但又非常有效的方法往往优于蒙特卡罗方法. 此外, 基于这个方法还衍生出更多的方法. SARSA 方法的收敛特性取决于策略对 Q 价值函数的依赖的性质. 通常使用 ϵ 贪婪或 ϵ 软策略. 在做完演员–批评者中的策略评估之后, 需要做策略改进. 这一点在 2.3.2 节已经写得很清楚了.

3.2.2 Q 学习 (off-policy)

Q 学习是基于价值迭代方法的突出代表. 目标是直接计算最优价值函数. 这些方法都是典型的 off-policy 方法, 也就是说, 最优价值函数可能出现在任何策略之下 (以探索的要求为限). 回顾最优 Q 函数的定义:

$$q(s, a) \equiv r(s, a) + \gamma \sum_{s'} p(s'|s, a) v^*(s').$$

最优方程于是为:

$$v^*(s) = \max_a q(s, a), \ \forall s \in S,$$

或者只用 Q 函数:

$$q(s, a) = r(s, a) + \gamma \sum_{s'} p(s'|s, a) \max_{a'} q(s', a'), \ \forall s \in S, a \in A.$$

当 $v_t \to v^*$, 价值迭代方法为:

$$v_{t+1}(s) = \max_a \left[r(s, a) + \gamma \sum_{s'} p(s'|s, a) v_t(s') \right], \ \forall s \in S.$$

当 $q_t \to q^*$, 则

$$q_{t+1}(s, a) = r(s, a) + \gamma \sum_{s'} p(s'|s, a) \max_{a'} q_t(s', a'). \qquad (3.2.3)$$

现在能够定义 Q 学习在线版本:

- 初始化 q.
- 在第 t 步: 观测 $(s_t, a_t, r_{t+1}, s_{t+1})$, 令

$$q(s_t, a_t) \leftarrow (1 - \alpha_t)q(s_t, a_t) + \alpha_t[r_{t+1} + \gamma \max_a q(s_{t+1}, a)]$$

$$= q(s_t, a_t) + \alpha_t[r_{t+1} + \gamma \max_{a'} q(s_{t+1}, a') - q(s_t, a_t)]. \tag{3.2.4}$$

这就是最简单形式 (一步 Q 学习) 的更新规则. 显然, $\max_a q(s_{t+1}, a)$ 意味着我们选择给出最高 Q 价值的操作 (回忆: 函数 $q(s_t, a_t)$ 称为状态 – 行动值函数或 Q 函数). 学习的状态 – 行动值函数 q 因此直接逼近最优行动值函数 q^*, 独立于所遵循的策略. 这极大地简化了算法的分析并实现了早期收敛证明. 该策略正确收敛所需要的只是所有状态 – 行动对继续更新. 如果所有的 (s, a) 对都能观察到, 而且学习率 $\alpha_k(a)$ 满足条件式 (3.1.6), 则该方法以概率 1 收敛到 q^* (即 $q_t \to q^*$).

该方法除了最大化操作外, 其他类似于基本的 TD 策略评估.

在策略选择上:

- 因为 q^* 的学习不依赖所选策略的最优性, 人们能够在学习时聚焦于探索. 然而, 如果在系统实际运作时学习, 可能还是需要在标准探索中使用接近最优的策略 (如贪婪和 softmax 等).
- 在学习停止时, 可能选择贪婪策略 (如在例 1.3 实践的那样):

$$\pi(s) = \max_a q(s, a).$$

Q 学习非常便于理解和实施; 然而, 收敛可能比演员 – 批评者 TD(λ) 方法慢, 特别是在后者只需要评估 V 函数而不是 Q 函数时. Q 学习是强化学习中最重要的突破之一.

Q 学习是一种用于 TD 控制的 off-policy 方法. 这意味着我们要使用行为策略来训练目标策略. 在学习中, 需要填一个虚拟或真实的所谓 Q 表格 (也称为 Q 矩阵), 它存储状态 – 行动对. Q 学习算法计算 $q(s, a)$, 并把得到的值存入一个 Q 矩阵中, 例如有状态为 $s_1, s_2, \ldots, s_N$, 而行动为 $a_1, a_2, \ldots, a_M$, 则 Q 矩阵为 $N \times M$ 矩阵, 其 (i, j) 元素为 $q(s_i, a_j)$.

Q 学习的汇总

- Q 学习的一个简单应用是在迷宫中寻找路径, 智能代理通过 Q 学习, 学会如何朝着目标前进, 并避开一些障碍.
- Q 学习是一种无模型算法, 即试错法. 智能代理探索环境并直接从操作结果中学习, 无须构建内部模型或 MDP. 一开始, 代理知道环境中可能的状态和操作. 然后, 通过探索智能体发现状态转换及奖励.
- Q 学习是一种 TD 算法, 在每步之后重新评估预测. 即使是不完整的阶段也会生成 TD 算法的输入. 总体而言, 衡量最后一个操作与我们最初估计的不同程度, 而无须等待最终结果. 在 Q 学习中, 存储在 Q 表格中的 Q 价值使用估计值进行部分更新. 因此, 无须等待最终奖励而是随时更新 Q 学习中的先前状态 – 行动对的值.
- Q 学习是一种 off-policy 算法. 它根据最佳 (贪婪) 策略估计状态 – 行动对的奖励, 而与代理的行为无关. off-policy 算法近似于与策略无关的最优行动价值函数. 此外, off-policy 算法可以使用编造的操作来更新估计值. 在这种情况下, Q 学习算法可以探索学习阶段未发生的操作并从中受益.
- Q 学习是一种简单有效的强化学习算法. 但由于贪婪的行动选择, 算法往往选择具有最佳奖励

> 的下一个行动. 这使其成为一种短视的学习算法.
> - 由于 Q 学习要求状态空间是离散的, 因此对于诸如例 1.5 推车杆问题就不那么方便, 也可以把行动空间离散化, 但效果不是很理想.

3.2.3　加倍 Q 学习 (off-policy)

加倍 Q 学习 (double Q learning) 是 Q 学习的改进. 其目的为: 如果一个 Q 学习失败, 那么使用两个 Q 学习. 具体方法是使用两个 Q 函数, 即 Q1 和 Q2. 每次迭代时从两个 Q 函数中随机选择贪婪操作. 如果从 Q 函数 Q1 中选择操作 a, 则更新 Q1, 否则更新 Q2. Q1 的更新规则为:

$$q_1(s_t, a_t) \leftarrow q_1(s_t, a_t) + \alpha \left[r_{t+1} + \gamma \max_a q_1(s_{t+1}, a) - q_1(s_t, a_t) \right].$$

Q2 的更新规则类似:

$$q_2(s_t, a_t) \leftarrow q_2(s_t, a_t) + \alpha \left[r_{t+1} + \gamma \max_a q_2(s_{t+1}, a) - q_2(s_t, a_t) \right].$$

在实践中, 要采取的操作是使用 Q1 + Q2 的 ϵ 贪婪策略来选择的. 我们随机选择 Q 函数作为未来估计. 加倍 Q 学习稍微复杂一点, 但更加稳健和精确. 对于例 1.3 的加倍 Q 学习的代码参见 3.4.3 节.

3.3　函数逼近及深度学习算法

前面介绍的方法基本上是表格方法, 因为每个状态 – 行动对需要存储一个值: 行动的 Q 价值或对该行动的偏好. 在大多数诸如图像处理等应用算法中, 要存储的值的数量很快就会变得令人望而生畏. 此外, 这些算法要求每个状态 – 行动对都被访问足够多的次数以收敛到最优策略. 如果某些状态 – 行动对未能被访问, 则不能保证会找到最优策略. 当考虑连续状态或行动空间时, 这个问题变得更加明显. 比如, 在例 1.6 倒立摆问题中, 状态和行动都是连续变量, 要确定最优连续行动时很难靠离散化来解决.

这时, 人们可以使用函数逼近. 这时的 Q 价值或策略不会存储在表格中, 而是由函数逼近器学习. 函数逼近器的类型多种多样, 但在深度强化学习中, 主要对深度神经网络感兴趣, 但理论上任何类型的回归器都有效 (线性算法、径向基函数网络、SVR).

3.3.1　基于价值和策略的函数逼近

基于价值的函数逼近

在基于价值的方法中, 希望对给定策略的所有可能的状态 – 行动对的 Q 价值 $q_\pi(s, a)$ 进行近似. 函数逼近器取决于一组参数, 可记为 θ(或 w 等). 例如, θ 可以表示神经网络的所有权重和偏差. 近似的 Q 价值现在可以记为 $q(s, a; \theta)$ 或 $q_\theta(s, a)$. 由于参数会在学习过程中随时间变化, 我们可以从符号中省略时间 t. 类似地, 行动选择通常是 ϵ 贪婪或 softmax, 因此策略 π 直接取决于估计的 Q 价值, 因此也取决于参数, 记为 π_θ.

关于函数逼近器的结构, 基本上有两种选择:

1. 逼近器将状态 – 行动对 (s, a) 作为输入并返回单个 Q 价值 $q(s, a)$.
2. 它以状态 s 作为输入, 并返回该状态下所有可能行动的 Q 价值.

第二种选择当然只有在行动空间是离散的情况下才有可能, 但它的优势是可以更好地概括相似的状态.

函数逼近器的目标是最小化损失函数 (或成本函数) $\mathcal{L}(\theta)$, 以便所有状态对的估计 Q 价值收敛到它们的目标值 (通常用 $J(\theta)$ 等符号表示, 是最大化的目标), 这自然取决于所选择的算法:

- MC 方法: 每对 (s, a) 的 Q 价值应收敛于预期收益:

$$\mathcal{L}(\theta) = E_\pi[(R_t - q_\theta(s, a))^2].$$

如果我们学习 N 个长度为 T 的片段 (episode), 损失函数可以近似为:

$$\mathcal{L}(\theta) \approx \frac{1}{N} \sum_{e=1}^{N} \sum_{t=1}^{T} [R_t^e - q_\theta(s_t, a_t)]^2.$$

- 时间差分法: Q 价值应该收敛于对预期回报的估计.
  - 对于 SARSA:

$$\mathcal{L}(\theta) = E_\pi[(r(s, a, s') + \gamma q_\theta(s', \pi(s')) - q_\theta(s, a))^2].$$

  - 对于 Q 学习:

$$\mathcal{L}(\theta) = E_\pi[(r(s, a, s') + \gamma \max_{a'} q_\theta(s', a') - q_\theta(s, a))^2].$$

可以使用任何能够最小化这些损失函数的函数逼近器.

基于策略的函数逼近

在基于策略的函数逼近中, 我们希望直接学习一个策略 $\pi_\theta(s, a)$, 它最大化策略中每个可能转移的预期回报. 要最大化的**目标函数** (objective function) 定义在由策略限制的所有轨迹 (情节序列) $\tau = (s_0, a_0, s_1, a_1, \ldots, s_T, a_T)$ 上:

$$J(\theta) = E_{\tau \sim \rho}\theta[R_t].$$

学习到的策略 π_θ 应该只产生轨迹 τ, 其中每个状态都与高回报 R_t 相关联, 并避免低回报的轨迹. 虽然这个目标函数导致了期望的行为, 但它在计算上并不容易处理, 因为我们需要整合所有可能的轨迹.

3.3.2 深度 Q 学习

基本内容

深度 Q 学习 (deep Q learning) 算法使用由深度神经网络组成的**深度 Q 网络** (deep Q networks, DQN). 它是一种基于价值 (value-based) 的 RL 算法. 环境中的每个状态由一个数组表示, 并且代理能够从每个状态执行不同的操作. 这里不像 MDP 那样使用值迭代来确定 Q 价值并找到最佳 Q 函数, 而是使用作为函数逼近器的深度神经网络来估计最佳 Q 函数. 在 Q 学习中目标取决于预测, 是一种半梯度 off-policy 算法 (semi-gradient off-policy algorithm). 我们将使用 DQN 来估计给定环境中每个状态 – 行动对的 Q 价值. 该网络的目标是近似于满足 Bellman 方程的最优 Q 函数. 网络的损耗是通过将输出的 Q 价值与 Bellman 方程右侧的目标 Q 值进行比较来确定的. 计算损失后, 网络通过随机梯度下降和反向传播更新权重, 这就是损失最小化的方式.

对于 DQN, 我们经常在训练过程中使用称为 " 经验回放 " (experience replay) 或 " 重放

内存 " (replay memory) 的技术, 即将代理在每个时间步长的所有体验 e_t 存储在称为重放内存的数据集中, 以数组的形式表示为 $e_t = (s_t, a_t, r_{t+1}, s_{t+1})$. 重放内存数据集是随机抽取的, 用于训练网络, 以助于打破相继步骤之间的相关性及避免低效的学习. 一般使用两种网络: **策略网络** (policy network) 和**目标网络** (target network).

由随机抽样获得的 e_t 作为输入以进行训练并输出 Q 价值的网络称为策略网络. 在这个网络中, 损失为:

$$\text{Loss} = E[r_{t+1} + \gamma \max_{a'} q(s', a')] - E\left[\sum_{k=0}^{\infty} \gamma^k r_{t+k+1}\right]. \tag{3.3.1}$$

上式显示的损失被反向传播并最小化. 制作一个在训练期间的每个时间步长都会更新的 Q 表格. 新 Q 价值等于旧 Q 价值和学习值的加权和:

$$q^{new}(s, a) = (1 - \alpha)q(s, a) + \alpha[r_{t+1} + \max_{a} q(s, a)], \tag{3.3.2}$$

其中, α 是学习率. 我们的目标为:

$$\text{Target} = \begin{cases} r, & \text{目标完成}; \\ r + \max q(s, :) & \text{目标未完成}. \end{cases} \tag{3.3.3}$$

预测为 $\text{Prediction} = q(s, a)$, 而误差等于目标和预测之差:

$$\text{Error} = \text{Target} - \text{Prediction}.$$

如果我们在目标和预测中使用相同的 Q 价值, 则目标始终随预测而波动, 两者变得相互依赖并使得效率低下, 因此, 我们使用单独的目标网络来获取目标值来避免这种情况.

DQN 学习步骤

我们知道, 单纯的 Q 学习由以下几个方面组成.

1. **初始 Q 表格.** Q 表格将状态-动作对映射到代理将要学习的 Q 值, 也就是最佳未来值的估计. 在 Q 学习算法开始时, Q 表格被初始化为全零, 表明代理对这个世界一无所知. 当代理通过反复试验在不同状态下尝试不同的动作时, 代理通过许多次即时奖励学习每个状态-动作对的预期奖励, 并用新的 Q 值更新 Q 表格. 通过反复试验来了解世界的过程称为探索. Q 学习的目的是使用 Q 表格, 在某个状态采取使得预期奖励最大的行动. 这称为开发.

2. **利用 ϵ 贪婪选择行动.** 解决探索-开发权衡的一个常见策略是 ϵ 贪婪策略, 也就是以小于 ϵ 的概率随机选择行动, 以 $1 - \epsilon$ 的概率采取目前看来预期奖励最大的步骤. 由于代理在学习初期完全无知, 采取的每一步都是随机的 (只存在探索), 以了解其所处的环境. 随着代理采取的步骤越来越多, ϵ 的值会减小, 代理于是越来越多地尝试现有的已知良好行为 (开发). 一般可以把 ϵ 初始化为 1, 在开始时每一步都是随机的. 随着训练过程的进展, 代理进行的探索更少而进行的开发更多.

3. **利用 Bellman 方程更新 Q 表格.** Bellman 方程告诉我们如何在每一步之后更新已有的 Q 表格. 代理用估计的最佳未来奖励更新当前感知值. 在实施时, 代理将搜索某特定状态 s 的所有动作 ($a \in A(s)$), 并选择具有最高相应 Q 值的状态-动作对. 即

$$q(s_t, a_t) \leftarrow (1 - \alpha)q(s_t, a_t) + \alpha[r_t + \lambda \max_{a \in A} q(s_{t+1}, a)],$$

如前文所介绍的, 这里的 α 是学习率, λ 是折扣率.

深度 Q 网络 (DQN) 的步骤和上面简单的 Q 学习步骤完全平行:

1. **初始化策略网络 (主要网络) 和目标神经网络.** DQN 和简单 Q 学习之间的关键不同在于 Q 表格的实现形式. 最主要的区别在于 DQN 把 Q 表格用深度学习网络代替. 神经网络不是将状态-动作对 (s, a) 映射到 Q 值, 而是将 (作为网络输入层的) 输入状态 s 映射到 (作为网络输出层的) 动作-Q 值对. 比如, 在例 1.5 的 DQN 实现中 (参见 3.4.4 节的代码实现), 状态空间是 4 维, 因此神经网络输入层有 4 个节点, 而行动空间为 2 维, 因此输出层有 2 个节点. 每个代表一个行动, 而其值为相应行动的 **Q 值估计**.

   DQN 既可以使用一个神经网络 (对例 1.5, 参见 3.4.4 节代码) 也可以使用两个神经网络 (或者有两个分叉的网络). 如果使用两个网络, 则它们具有相同的架构. 每若干步, 来自主网络 (即策略网络) 的权重被复制到目标网络. 使用两个网络可以提高学习过程的稳定性及算法的有效性.

2. **使用 ϵ 贪婪探索策略选择行动.** 和简单 Q 学习类似, 代理以概率 ϵ 选择随机行动 (探索), 并以概率 $1 - \epsilon$ 选择使预期奖励估计值最大的行动 (开发). 在 DQN 中, 主模型和目标模型都将输入状态映射到各个输出动作的 Q 值. 在开发时, 具有最大预测 Q 值的动作是被选中的 (对例 1.5, 参见 3.4.4 节代码).

3. **使用 Bellman 方程更新网络权重.** 每采取一个行动, 代理则根据 Bellman 方程更新主网络和目标网络. 深度 Q 学习的代理使用经验回放来了解他们的环境并更新网络 (或主网络和目标网络).

   举例来说, 在 3.4.4 节关于例 1.5 的 DQN 实践中, 每个情节中的每一个行动, 都根据环境把网络做若干次训练 (每次从经验回放库中抽取部分观测值训练网络), 如有两个网络则主网络每若干步将主网络权重复制到目标网络权重.

   经验回放 (库) 是存储和重放 RL 算法能够从中学习的游戏状态的数据库, 所存储的是环境对行动的反映, 对例 1.5 来说 (参见 3.4.4 节代码), 就是在当前状态 s 的每个行动 a, env.step(a) 的输入和输出 (包括通常标以 (s, a, r, s') 的状态、行动、奖励、下一个状态). 每一个行动之后都把这些环境的反应存入经验回放库. DQN 使用经验回放进行小批量学习.

   也如普通 Q 学习, 代理根据 Bellman 方程更新模型权重. 以例 1.5 (参见 3.4.4 节代码) 的实践为例, 具体更新做法为:

   - 用网络 (或主网络) 根据状态 s 和行动 a 得到一个预测的 Q 值 $q(s, a)$ (3.4.4 节代码为 q_pred).
   - 用目标网络根据下一个状态 s' 得到下一个目标 Q 值 $\max_a q(s', a)$ (3.4.4 节代码为 q_target).
   - 以预测的 Q 值 (q_pred) 和目标 Q 值 (q_target) 之间的某种距离 (如均方误差) 作为损失函数来优化神经网络.

3.3.3 TD: 演员 – 批评者 (AC) 架构

回顾在 2.3 节提到的**策略迭代**或**演员 – 批评者** (AC) 方法可结合 TD 方法, 该架构具有单独的内存结构来显式地表示独立于价值函数的策略. 策略结构被称为**演员**或**参与者** (或**评**

论家、评判员、裁判员等等), 因为它用于选择行动确定策略改进, 而被估计的价值函数被称为**批评者**, 因为它做出策略评估, 评价或批评演员做出的行动. 学习总是关于策略的, 批评者必须了解并批评演员当前正在遵循的任何策略. 批评采用 RPE 的形式. 这个标量信号是批评者的唯一输出, 驱动演员和批评者的所有学习 (参见图 2.3.1).

AC 方法的动机和原理

AC 方法是强化比较方法思想对 TD 方法和完整强化学习问题的自然延伸. 通常, 批评者是一个状态价值函数. 在每个行动选择之后, 批评者评估新状态以确定事情是否比预期的更好或更差. 该评估的标准是 RPE (即 TD):

$$\delta_t = r_{t+1} + \gamma v(s_{t+1}) - v(s_t),$$

回顾: 与上面的 δ_t 关联的更新为:

$$v(s_t) \leftarrow (1-\alpha)v(s_t) + \alpha[r_{t+1} + \gamma v(s_{t+1})] = v(s_t) + \alpha\delta_t. \tag{3.3.4}$$

这里的 v 是批评者实现的当前价值函数. 该 RPE 可用于评估刚刚在 s_t 选择的行动 a_t. 如果 RPE 为正, 则表明未来的选择倾向应加强, 而如果 RPE 为负, 则表明该倾向应减弱. 因此, RPE 表示两种状态之间的转移及相应的行动的后果. 它可用于更新状态 s_t 的值, 即式 (3.3.4): $v(s) \leftarrow v(s) + \alpha\delta$. 这允许估计当前策略的所有状态的值. 但是, 这既无助于直接选择最佳操作, 也不会改进策略. 当只给出 V 价值时, 人们只能想达到具有最高值的下一个状态 $v(s')$: 需要知道哪个行动导致了这个更好的状态, 即有一个环境模型. 实际上, 人们选择具有最高 Q 价值的行动:

$$a = \arg\max_a q^\pi(s,a) = \arg\max_a \left\{ \sum_{s' \in S} p(s'|s,a)[r(s,a,s') + \gamma v^\pi(s')] \right\}.$$

一个行动可能会导致一个高价值的状态, 但概率如此之小以至于它实际上是不值得的. 因此, $p(s'|s,a)$ 和 $r(s,a,s')$ 必须是已知的 (或至少是可近似的), 这违背了基于样本方法的根本目的.

AC 架构有助于解决这个问题:

1. **批评者**学习去估计状态 $v(s)$ 的值并计算 RPE, 即 $\delta = r(s,a,s') + \gamma v(s') - v(s)$.
2. **演员**使用 RPE 来更新对已执行行动的偏好: 具有积极 RPE 的行动应该得到加强 (即将来再次采取), 而应该避免具有消极 RPE 的行动.

这种架构的主要兴趣在于演员可以采用任何形式 (神经网络、决策树), 只要它能够使用 RPE 进行学习. 最简单的演员是一个 softmax 行动选择机制 (参见式 (2.4.1)):

$$\pi_t(a|s) = P(a_t = a|s_t = s) = \frac{\exp[p(s,a)]}{\sum_{a'} \exp[p(s,a')]},$$

其中, $p(s,a)$ 是演员为每个行动 a 维护的可修改策略参数在时间 t 的价值或偏好, 表示在每个状态 s 下选择 (偏好) 每个行动的趋势, 使用 TD 错误对其进行更新 (其中 β 是另一个正值步长参数):

$$p(s,a) \leftarrow p(s,a) + \beta\delta_t.$$

该策略对这些首选项使用 softmax 规则 (参见式 (2.4.1)):

$$\pi(s,a) = \frac{p(s,a)}{\sum_a p(s,a)}.$$

AC 方法同时学习问题的两个方面:

- 一个值函数 (例如 $v^\pi(s)$), 用于计算批评者中的 RPE.
- 演员中的策略 π.

经典的 TD 方法只学习一个值函数 ($v^\pi(s)$ 或 $q^\pi(s,a)$): 这些方法称为基于值的方法. AC 架构在策略搜索方法中特别重要.

AC 方法很可能仍然是当前的关注点, 因为有两个明显优势:

- 需要最少的计算来选择行动. 考虑一个有无数可能行动的情况——例如, 一个连续值行动. 任何只学习行动值的方法都必须搜索这个无限集才能选择一个行动. 如果策略被显式存储, 那么每个行动选择可能不需要这种广泛的计算.
- 可以学习明确的随机策略, 也就是说, 可以学习选择各种行动的最佳概率. 这种能力在竞争性和非马尔可夫情况下非常有用.

强化学习中很优秀的算法, 例如 PPO、SAC 等, 都包含了 AC 架构优化的思想.

关于 Q 价值的 AC 策略梯度

策略梯度的两个主要组成部分是策略模型和价值函数. 除了策略之外, 学习价值函数也很有意义, 因为知道价值函数可以帮助策略更新, 例如减少普通策略梯度中的梯度方差, 而这正是 AC 方法所做的.

AC 方法由两个模型组成, 可以选择性地共享深度学习网络参数:

- 批评者更新价值函数参数 w, 该价值函数可能是 Q 价值 $q_w(a|s)$ 或 V 价值 $v_w(s)$, 依具体算法而定.
- 演员按照批评者建议的方向更新 $\pi_\theta(a|s)$ 的策略参数 θ.

一个关于 Q 价值的简单 AC 策略梯度方法的步骤为 (事先定义策略函数参数学习率 α_θ 和价值函数参数学习率 α_w, 并且随时更新):

1. 随机选择初始 s, θ, w, 并取抽样 $a \sim \pi_\theta(a|s)$.
2. 对于 $t = 1, 2, \ldots, T$:
   (1) 对奖励及下一个状态抽样: $r_t \sim r(s,a), s' \sim p(s'|s,a)$.
   (2) 对下一个行动抽样: $a' \sim \pi_\theta(a'|s')$.
   (3) 更新策略参数: $\theta \leftarrow \theta + \alpha_\theta Q_w(s,a) \nabla_\theta \ln \pi_\theta(a|s)$.
   (4) 对时间 t 的 Q 价值求 TD 误差:

   $$\delta_t = r_t + \gamma q_w(s',a') - q_w(s,a)$$

   并用它更新 Q 函数的参数:

   $$w \leftarrow w + \alpha_w \delta_t \nabla_w Q_w(s,a).$$

   (5) 更新 $a \leftarrow a'$ 及 $s \leftarrow s'$.

3.3.4 A2C 算法步骤

现在基于简单的 on-policy 方法来直观了解 AC 架构的想法. 这里展示 **A2C** 或**优势 AC** (advantage actor-critic, A2C) 算法[2] 中的这种架构. 我们跳过了 AC 方法而直接讨论 A2C 方法和马上要介绍的 A3C 方法, 原因是后者 (A2C 和 A3C) 比前者 (AC) 收敛速度快, 结果优于前者.

AC 方法是基于价值的 Q 学习和基于策略的算法的混合. 在 Q 学习的

$$q(s_t, a_t) = r_t + \gamma \max_a q_t(s_{t+1}, a)$$

中的 $\max_a q_t(s_{t+1}, a)$ 并不依赖于行动 a. 于是可以把该式写成

$$q(s_t, a_t) = r_t + \gamma v(s_{t+1}),$$

这里价值函数 $v(s)$ 仅仅依赖于状态 s. 下面把 $q(s_t, a_t)$ 分成不依赖 a_t 的潜在价值 $v(s_t)$ 及称为**优势** (advantage) 的在 s_t 依赖于 a_t 的 $A(a_t, s_t)$ 两部分:

$$q(s_t, a_t) = A(a_t, s_t) + v(s_t).$$

于是有

$$A(a_t, s_t) = r_t + \gamma v(s_{t+1}) - v(s_t). \tag{3.3.5}$$

在 3.4.5 节的代码中生成了计算价值函数 $v(s_t)$ 及优势函数 $A(a_t, s_t)$ 的两个神经网络.

TD 和优势的区别

TD 误差是一个值, 如果考虑 V 价值函数 (也可为 Q 价值函数) 的 TD 误差, TD 误差的定义为:

$$\text{TD 误差} = \overbrace{r + \gamma v(s')}^{\text{TD 目标}} - v(s).$$

优势函数是一个函数, 而不是值. **可以使用 TD 误差来近似优势函数, 但它们不是一回事**, 优势函数的定义为:

$$A(s_t, a_t) = q_\theta(s_t, a_t) - v_w(s_t).$$

如果只允许使用一个预测状态 s 的网络 (而不使用预测行动 a 的网络) 改变 Q 函数的值, 如此得到

$$A(s_t, a_t) = r_{t+1} + \gamma v_w(s_{t+1}) - v_w(s_t).$$

这就和 TD 误差相同了. 但如果同时使用两个网络 (一个预测 s, 另一个预测 a), 就是另一个问题了. 因此可以说, 优势是 Q 函数值和 V 函数值的差, 而 TD 误差是 V 函数企图减少的误差. TD 误差可用来近似优势, 但也有其他方式来近似优势, 比如用回报减去 V 价值.

比如, 对于批次网络运算, 能够通过拟合的 Q 函数迭代和随后的 $v(s)$ 来计算 $q_\theta(a, s)$. 这样就生成了一般的优势函数而且策略的梯度变化可能更加稳定, 这是因为它更接近实际的全局优势函数.

3.3.5 A3C 算法

异步优势 AC (asynchronous advantage actor-critic, A3C)[3] 算法 (参见图 3.3.1) 和 A2C 算法都是基于策略的 RL 算法. 基于策略的 RL 算法输出策略而不是 Q 值, 并且每个策略分布具有不同的探索估计. 基于策略的算法很容易处理连续操作空间问题, 因为它将分布的参数

---

[2]可翻译为优势演员 – 批评者算法. 由于英文缩写有 2 个 A 和 1 个 C, 因而称为 A2C.
[3]可翻译为异步优势演员 – 批评者算法. 由于英文缩写有 3 个 A 和 1 个 C, 因而称为 A3C.

表示为有限输出. 在训练基于策略的算法时, 不用最小化误差来找到最佳策略, 而是使用梯度的概念. 根据策略梯度定理 (policy gradient theorem), 有

$$\nabla_\theta J(\theta) = E[A(s,a)\nabla_\theta \log \pi(a|s)] \approx \frac{1}{N}\sum_{i=1}^{N} A(s_i, a_i)\nabla_\theta \log \pi(a_i|s_i), \quad (3.3.6)$$

其中, 优势函数为:

$$A(s,a) = q(s,a) - v(s) = r + v(s') - v(s), \quad (3.3.7)$$

而 ∇_θ 是梯度, $v(s)$ 是基线, $J(\theta)$ 是损失函数, 梯度是其相对于 θ 而言的. 优势函数捕获了在给定状态下操作与在其他状态下操作相比的可取性, 而我们知道价值函数捕获了在此状态下的有益程度. A2C 和 A3C 都是 AC 算法. A2C 和 A3C 都收集所有状态 – 行动对, 计算 N 步奖励和优势, 然后朝梯度方向走来最小化损失以更新神经网络中的权重.

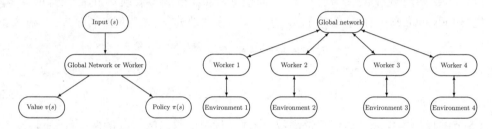

图 3.3.1　A3C 算法网络示意图, 左图为每个网络 (主网络及工作网络) 的结构 (输入状态 s, 输出策略 $\pi(s)$ 和价值 $v(s)$), 右图为环境、主网络与各工作网络间的联系

在 A3C 算法中有一个主网络 (global network), 它间歇性地将其权重复制到与不同环境联系的若干工作网络 (worker) (参见图 3.3.1). 工作网络负责运行. 此过程是多线程的, 每 N 步每个工作线程都会将其梯度发送回主节点. 工作网络不更新自己的权重, 而是将其梯度发送回主网络, 主网络更新自己的权重. 因此主节点具有最新的策略. A3C 算法实现并行训练, 其中并行环境下的多个工作线程独立更新全局值函数. 这些代理逐个与自己的环境副本进行互动, 同时其他代理与其环境进行互动. 这比拥有单个代理 (除了完成更多工作的加速之外) 效果更好的原因是: 每个代理的经验并不依赖于其他代理的经验 (这就是 "异步" (asynchronous) 的意义). 这种方式可使培训的整体体验变得更多样化.

与 A3C 算法不同, 在 A2C 算法中的这些步骤在每个工作网络中同步执行. 在 A2C 算法中存在 A3C 算法的单工作者变体. A2C 算法类似于 A3C 算法, 但没有异步部分. 批评者估计价值函数, 演员根据批评者建议的方向使用策略梯度更新策略分布. 在 A2C 方法中同时优化价值函数和策略. 采取 N 步的情节, 收集状态 – 行动对, 计算 N 步奖励和优势, 并沿梯度方向前进. 这里的正则化可以认为是探索. 这里, 成本函数 (cost function) 为:

$$J = \sum_{i=1}^{N}(y_i - w^\top x_i)^2 + \lambda|\theta|^2. \quad (3.3.8)$$

这里 λ 称为正则化参数, 用于惩罚权重. 正规化损失 (regularized loss) 等于策略损失 (policy loss) 加上惩罚 (penalty). 损失函数 (loss function) 为:

$$L = -E[A(s,a)\log \pi(a|s)] - H(\pi). \quad (3.3.9)$$

其中, $H(\pi) = \sum_{i=1}^{N}\pi_i \log \pi_i$ 称为熵. 熵与探索成正比. 在 3.4.5 节的对例 1.5 的 A3C 算法实

现的代码中, 损失函数没有减去 $H(\pi)$ 这一项, 原因是效果不好.

A3C 策略梯度方法的步骤

在 A3C 方法中, 批评者学习价值函数, 同时并行训练多个参与者, 并不时与全局参数同步. 因此, A3C 方法旨在很好地用于并行训练.

以 V 价值函数为例, V 价值的损失函数是最小化均方误差 $J_v(w) = (G_t - v_w(s))^2$ (这里 $G_t = \sum_{k=0}^{\infty} \gamma^k r_{t+k+1}$), 可以应用梯度下降来找到最优的 w. 这个 V 价值函数被用作策略梯度更新的基线.

下面是算法概要: 首先初始化全局参数 θ 和 w 及类似的线程特定参数 θ' 和 w'. 初始化时间步 $t = 1$. 当 $T \leqslant T_{\max}$ 时做下面迭代:

1. 重置梯度 $\mathrm{d}\theta = 0$ 和 $\mathrm{d}w = 0$.
2. 将线程特定参数与全局参数同步: $\theta' = \theta$ 和 $w' = w$.
3. $t_{\mathrm{start}} = t$ 并设抽样起始状态 s_t.
4. 在非终止而且 $t - t_{\mathrm{start}} \leqslant t_{\max}$ 时做:
   (1) 选择行动 $a_t \sim \pi_{\theta'}(a_t | s_t)$, 并获得新的奖励 r_t 和新的状态 s_{t+1}.
   (2) 更新: $t \leftarrow t + 1$; $T \leftarrow T + 1$.
5. 初始化保存估计的输出值变量:

$$R = \begin{cases} 0, & \text{如} s_t \text{为终止状态,} \\ v_{w'}(s_t), & \text{其他.} \end{cases}$$

6. 对于 $i = t - 1, t - 2, \ldots, t_{\mathrm{start}}$:
   (1) $R \leftarrow \gamma R + r_i$, 这里 R 是 G_i 的 MC 度量.
   (2) 更新关于 θ' 和 w' 的累积梯度:

$$\mathrm{d}\theta \leftarrow \mathrm{d}\theta + \nabla\_\theta' \log \pi_{\theta'}(a_i | s_i)(R - v_{w'}(s_i)),$$
$$\mathrm{d}w \leftarrow \mathrm{d}w + 2(R - v_{w'}(s_i)) \nabla_{w'}(R - v_{w'}(s_i)).$$

7. 使用 $\mathrm{d}\theta$ 和 $\mathrm{d}w$ 分别做更新异步参数 θ 和 w.

A3C 方法支持多代理训练中的并行性. 梯度累积步骤 (上面第 6 步中的 (2)) 可以认为是基于小批量的随机梯度更新的并行化改造, 即在每个训练线程的方向上独立地小步修正.

3.3.6 DDPG 算法

将诸如 DQN 算法那样的深度强化学习算法应用于连续域的一个明显方法是简单地离散化行动空间. 这种方法遇到的一个问题是维度灾难, 它使得很难有效地探索行动空间, 另一个问题是行动空间的离散化可能会导致失去有关行动域结构的一些必须的信息.

当采用仅处理离散行动的 DQN 并将其修改为与连续行动或行动空间一起使用时, 可使用**深度确定性策略梯度** (deep deterministic policy gradient, DDPG) 算法 (参见图 3.3.2). DDPG 算法是 DQN 算法和 PG (policy gradient) 算法的组合. 可以使用半梯度下降 (semi-gradient descent), 也可以说, DDPG 算法是无模型 (model-free)、off-policy 的, 是 AC 算法与 DQN 算法的结合. 而且 DQN 算法的所有技巧都适用于 DDPG 算法. DDPG 算法仅用于可以具有连续行动空间的环境, 在视频游戏中用得不多, 但可以用于诸如机器人那样需要连续控制对象运动的场合.

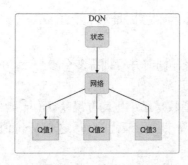

图 3.3.2   DQN (左, 显示了行动空间维度为 3 的情况) 和 DDPG (右) 网络示意图

DDPG 算法与 DQN 算法略有不同. DDPG 算法克服了在 DQN 算法中处理连续动作空间的限制. DDPG 算法有两个不同的网络, 就像 GAN (generative adversarial networks) 算法一样. 其中的一个网络是由神经网络表示的确定性策略函数 $\mu(s) = \arg\max_a q(s,s)$, 该神经网络在获取输入 s 后输出最佳行动 (标量或矢量). 另一个网络是 Q 网络, 它从将策略网络 $\mu(s)$ 和状态 s 作为其输入中获得最佳行动. 策略网络 $\mu(s)$ 必须通过 Q 网络才能从后者获取损失和作为行动值的输出. 当更新 μ 网络 θ_μ 权重时, Q 网络 θ_Q 的权重保持不变, 并且通过调整 μ 网络的权重, Q 网络的输出被最大化. 为了优化 $\mu(s)$, μ 网络的损失函数及其损失函数的梯度分别显示在下面两式中.

$$J_\mu = E[q(s,\mu(s))]; \tag{3.3.10}$$

$$\nabla_{\theta_\mu} J_\mu = E\left[\nabla_\mu q(s,\mu(s))\nabla_{\theta_\mu}\mu(s)\right]. \tag{3.3.11}$$

可以使用次优方法, 计算损失函数的梯度, 并尝试最大化未来奖励的总和. DDPG 交替地更新 μ 网络和 Q 网络. 注意, 实际上还有上述网络的两个目标网络, 记为 μ' 网络和 Q' 网络 (Q 价值函数记为 q'), 它们的参数分别用 $\theta_{\mu'}$ 和 $\theta_{Q'}$ 表示. 记第 i 步的更新 Q 价值为 (和一般公式不同, 这里标明了目标网络参数, 另外下式中的 d_i 为表示情节完成与否的示性函数):

$$y_i = r_i + \gamma(1-d_i)q'(s_{i+1},\mu'(s_{i+1}|\theta_{\pi'})|\theta_{Q'}),$$

则我们的目的是最小化原先的 Q 价值 $q(s_i,a_i|\theta_Q)$ 和更新的 Q 价值的均方损失:

$$L = \frac{1}{N}\sum_i [y_i - q(s_i,a_i|\theta_Q)]^2. \tag{3.3.12}$$

这时式 (3.3.11) 可近似为:

$$\nabla_{\theta_\mu} J_\mu \approx \nabla_a q(s,a|\theta_Q)\nabla_{\theta_\mu}\mu(s|\theta_\mu). \tag{3.3.13}$$

因为网络更新是以 off-policy 方法按批次经验样本实行的, 梯度可以用计算的梯度的批量均值近似.

$$\nabla_{\theta_\mu} J_\mu \approx \frac{1}{N}\sum_i \left[\nabla_a q(s,a|\theta_Q)|_{s=s_i,a=\mu(s_i)}\nabla_{\theta_\mu}\mu(s|\theta_\mu)|_{s=s_i}\right]. \tag{3.3.14}$$

与 DQN 不同, DDPG 对策略网络和 Q 网络进行了软更新, 即在每一步中仅将主策略网络和 Q 网络的一小部分权重复制到两个单独的目标网络.

$$\theta_{\mu'} \leftarrow \tau\theta_\mu + (1-\tau)\theta_{\mu'}; \tag{3.3.15}$$

$$\theta_{Q'} \leftarrow \tau\theta_Q + (1-\tau)\theta_{Q'}. \tag{3.3.16}$$

上面的 τ 满足 $0 < \tau \ll 1$.

DDPG 算法的初始化步骤为:

1. 随机初始批评者网络 $q(s, a|\theta_Q)$ 和演员网络 $\mu(s|\theta_\mu)$ (记权重参数分别为 θ_Q 和 θ_μ).
2. 深度复制结构相同的目标网络 (q' 和 μ'), 初始参数为 $\theta_{Q'} \leftarrow \theta_Q$ 和 $\theta_{\mu'} \leftarrow \theta_\mu$.
3. 初始化重放缓存 (数据集).

初始化之后, **对每个情节**, 先随机探索, 选择 Ornstein-Uhlenbeck 过程来产生噪声 $\mathcal{N}$[4], 然后从某状态 s_1 开始, 进行下面的循环, 在第 t 步:

1. 按照目前的策略和 Ornstein-Uhlenbeck 噪声选择行动 $a_t = \mu(s_t|\theta_\mu) + N_t$.
2. 根据行动 a_t, 观测到 r_t 和 s_{t+1}.
3. 把转换 (s_t, a_t, r_t, s_{t+1}) 存入重放缓存数据集.
4. 从重放缓存数据集 (s_i, a_i, r_i, s_{i+1}) 中抽样得到样本量为 N 的批次 $\{(s_i, a_i, r_i, s_{i+1})\}_{i=1}^N$.
5. 令 $y_i = r_i + \gamma(1 - d_i)q'(s_{i+1}, \mu'(s_{i+1}|\theta_{\pi'})|\theta_{Q'})$.
6. 最小化 $L = \frac{1}{N}\sum_i [y_i - q(s_i, a_i|\theta_Q)]^2$ 来更新批评者网络.
7. 利用抽样的策略梯度更新演员网络:
$$\nabla_{\theta_\mu} J_\mu \approx \frac{1}{N}\sum_i \left[\nabla_a q(s, a|\theta_Q)|_{s=s_i, a=\mu(s_i)} \nabla_{\theta_\mu} \mu(s|\theta_\mu)|_{s=s_i}\right].$$
8. 更新目标网络:
$$\theta_{\mu'} \leftarrow \tau\theta_\mu + (1 - \tau)\theta_{\mu'};$$
$$\theta_{Q'} \leftarrow \tau\theta_Q + (1 - \tau)\theta_{Q'}.$$
9. 如不到终止, 继续循环.

3.3.7　ES 算法

ES (evolution strategies) 算法 (可译为进化策略算法) 是一种黑箱优化方法. 尽管有 "进化" 这个词, 但 ES 与生物进化几乎没有关系. 这些技术的早期版本可能受到生物进化的启发, 并且在抽象层面上, 该方法可以视为对个体组成的群体进行抽样, 并允许成功的个体决定后代的分布. 由于数学细节从生物进化中被大量抽象出来, 最好将 ES 算法视为简单的一类黑箱随机优化技术.

黑箱优化

在 ES 中, 所关心的就是描述网络参数的那些数字. 在某参数下, 输入状态, 通过网络输出相应于不同行动的总奖励, 问题是要找到这些数字的最佳设置. 数学上, 针对输入网络的权重 (参数) w, 我们想优化函数 $f(w)$, 不对 f 的结构做任何假设, 但可以评估它, 因此称其为 "黑箱".

ES 算法

ES 算法的优化是一个 "猜测和检查" 的过程, 原则上, ES 算法从反映主网络权重的随机参数开始, 然后反复地做两件事: (1) 随机微调猜测; (2) 将猜测稍微移向任何更好的调整.

---

[4]Ornstein-Uhlenbeck 噪声过程满足随机微分方程 (SDE)
$$dX_t = \alpha(\gamma - X_t)dt + \beta dW_t,$$
这里 W_t 为以 t 为时间的 Wiener 过程 (连续的布朗运动), α 和 β 为正常数.

具体如何调整千差万别, 可以说是 "八仙过海各显神通". 下面就 3.4.7 节的实践来说明具体的做法.

1. 初始化一个简单的主神经网络, 参数 (权重) 存储为张量 $\boldsymbol{\theta}$.
2. 设置一些超参数 (有些任意), 如 α、σ、目标值等等.
3. 创建若干组 (k 组) 和 $\boldsymbol{\theta}$ 同样结构但各不相同的随机权重 (噪声) 的种群. 记参数为 $\boldsymbol{p}$.
4. 在一个情节的每一步输入状态 s, 通过当前参数为 $\boldsymbol{\theta}$ 的主网络得到行动 a, 并从环境得到该行动的后果 (下一个状态及奖励) 等等.
5. 在得到一组和种群数目维数相同的情节奖励向量之后 (非常数向量), 并做标准化 (记为 $\boldsymbol{R}$), 以此作为权重对 $\boldsymbol{p}$ 做加权平均 $\bar{\boldsymbol{p}} = \boldsymbol{R}^\top \boldsymbol{p}$.
6. 做主网络权重更新: $\boldsymbol{\theta} \leftarrow \boldsymbol{\theta} + \alpha \bar{\boldsymbol{p}}/(z\sigma)$.
7. 重新给种群设置新的随机参数 ($\boldsymbol{p}$).
8. 给主网络增加噪声: $\boldsymbol{\theta} \leftarrow \boldsymbol{\theta} + \alpha \boldsymbol{p}$.
9. 更新参数: $\alpha \leftarrow \alpha + c(\text{目标值} - 10^{-6}\bar{r}_{\max})$, 这里 $\bar{r}_{\max}$ 为至今各组奖励最大值 $\max \boldsymbol{R}$ 的平均, $0 < c < 1$ 是一个微调参数, 而且令 $\sigma = 10\alpha$.
10. 如果一旦在若干情节 (情节数目由 `flag` 调控) 中奖励下降, 则重新从 1 开始, 否则继续, 直到局部平均奖励达到某预设的阈值为止.

3.3.8 PPO 算法

PPO (proximal policy optimization) 算法 (可译为近端策略优化算法) 是强化学习领域的最新进展, 它是对 TRPO (trust region policy optimization) (可译为信任区域策略优化算法) 的改进, RL 的目标是找到一个使奖励最大化的最优行为策略. 为了避免在策略梯度方法中步子更新太大而导致灾难, TRPO 通过将步长限制在所谓 "信任区域" 内来提高训练稳定性. 由于 TRPO 需要对每次迭代的更新大小进行 KL 散度约束, 实现起来比较复杂, 因此出现了 PPO, 它大大简化了 TRPO. PPO 没有使用 KL 散度约束, 而是使用了惩罚.

TRPO 试图用复杂的二阶方法解决更新灾难问题, 而 PPO 是一系列一阶方法, 它使用一些其他技巧来保持新策略接近旧策略. PPO 算法的实现要简单得多, 并且从经验上看似乎至少与 TRPO 一样好, 虽然这里仅讨论 PPO, 但由于 PPO 和 TRPO 有较多的关联, 有必要介绍一下 TRPO 算法.

TRPO 简介

TRPO 在更新策略中抽取尽可能大的步长来提高性能, 同时还要满足对新旧策略之间允许接近程度做出的特殊约束. 约束用 **KL 散度** (亦称 **KL 距离**) (Kullback–Leibler divergence) 来度量. KL 散度可用来度量概率分布之间的距离. 两个分布 P 和 Q 之间的 KL 散度定义为:

$$D_{\mathrm{KL}}(P \parallel Q) = \mathrm{KL}(P\|Q) = \begin{cases} -\int P(x) \ln \frac{Q(x)}{P(x)} \mathrm{d}x \geqslant 0 & \text{(连续分布情况)}; \\ \sum_{x \in \mathcal{X}} P(x) \log \frac{P(x)}{Q(x)} \geqslant 0 & \text{(离散分布情况)}, \end{cases}$$

它等于零的必要充分条件是两个分布相同. 因此 KL 散度也称为 KL 距离或相对熵.

这与正常的策略梯度不同, 后者使新旧策略在参数空间中保持接近. 但即使参数空间中看似很小的差异也可能在性能上产生很大的差异, 一个错误的步骤可能会使策略性能崩溃.

这使得使用带有普通策略梯度的大步长变得很危险, 从而降低了其样本效率. TRPO 很好地避免了这种崩溃, 并且倾向于快速而单调地提高性能.

跨状态的策略 π_θ 与策略 π_{θ_k} 之间的平均 KL 散度 $\bar{D}_{KL}(\theta\|\theta_k)$ 为:

$$\bar{D}_{KL}(\theta\|\theta_k) = E_{s\sim\pi_{\theta_k}}\left[D_{KL}\left(\pi_\theta(\cdot|s)\|\pi_{\theta_k}(\cdot|s)\right)\right].$$

令 π_θ 表示具有参数 θ 的策略. 理论上的 TRPO 更新为在 $\bar{D}_{KL}(\theta\|\theta_k) \leqslant \delta$ 的限定下:

$$\theta_{k+1} = \arg\max_\theta \mathcal{L}(\theta_k, \theta),$$

式中, $\mathcal{L}(\theta_k, \theta)$ 是替代优势, 来以旧策略 π_{θ_k} 为基准度量策略 π_θ 的性能:

$$\mathcal{L}(\theta_k, \theta) = E_{s,a\sim\pi_{\theta_k}}\left[\frac{\pi_\theta(a|s)}{\pi_{\theta_k}(a|s)}A^{\pi_{\theta_k}}(s,a)\right],$$

式中, $A^{\pi_{\theta_k}}(s,a)$ 是旧策略的优势.

理论上 TRPO 更新不容易做到, 因此 TRPO 做了近似, 以快速得到结论. 为此利用在 θ_k 附近的对目标和约束的头几阶 Taylor 展开:

$$\mathcal{L}(\theta_k, \theta) \approx \boldsymbol{g}^\top(\theta - \theta_k);$$
$$\bar{D}_{KL}(\theta\|\theta_k) \approx \frac{1}{2}(\theta - \theta_k)^\top \boldsymbol{H}(\theta - \theta_k),$$

式中, $\boldsymbol{g}$ 和 $\boldsymbol{H}$ 为相应的梯度向量及矩阵. 这最终成为近似优化问题, 即在约束条件 $\frac{1}{2}(\theta - \theta_k)^\top \boldsymbol{H}(\theta - \theta_k) \leqslant \delta$ 之下:

$$\theta_{k+1} = \arg\max_\theta \boldsymbol{g}^\top(\theta - \theta_k).$$

该近似问题根据拉格朗日对偶的方法可得到解析解:

$$\theta_{k+1} = \theta_k + \sqrt{\frac{2\delta}{\boldsymbol{g}^\top \boldsymbol{H}^{-1}\boldsymbol{g}}}\boldsymbol{H}^{-1}\boldsymbol{g}.$$

由于 Taylor 展开的误差, 可能不满足 KL 散度约束, 或不能改进替代优势. TRPO 对此更新增加了回溯搜索:

$$\theta_{k+1} = \theta_k + \alpha^j\sqrt{\frac{2\delta}{\boldsymbol{g}^\top \boldsymbol{H}^{-1}\boldsymbol{g}}}\boldsymbol{H}^{-1}\boldsymbol{g},$$

式中, $\alpha \in (0,1)$ 为回溯系数, j 是使得 $\pi_{\theta_{k+1}}$ 满足 KL 散度限制并生成正替代优势的最小非负整数.

因为参数太多, 用神经网络计算 $\boldsymbol{H}^{-1}$ 耗费太大. TRPO 绕过这个问题, 利用共轭梯度算法来对 $\boldsymbol{x} = \boldsymbol{H}^{-1}\boldsymbol{g}$ 解 $\boldsymbol{H}\boldsymbol{x} = \boldsymbol{g}$, 仅仅要求计算矩阵向量乘积 $\boldsymbol{H}\boldsymbol{x}$, 形式上

$$\boldsymbol{H}\boldsymbol{x} = \nabla_\theta\left(\left(\nabla_\theta\bar{D}_{KL}(\theta\|\theta_k)\right)^\top \boldsymbol{x}\right).$$

PPO 简介

PPO 有两种主要变体: PPO-Penalty 和 PPO-Clip:

- PPO-Penalty 近似解决了类似于 TRPO 的 KL 约束更新, 不使 KL 散度成为硬约束, 代之以对目标函数中的 KL 散度做出惩罚, 并在训练过程中自动调整惩罚系数, 使其得到适当的缩放.
- PPO-Clip 比较简单, 它在目标中没有 KL 散度项, 并且根本没有约束. 相反, 它依赖于

目标函数中的专门裁剪 (clip) 来消除使新策略远离旧策略的因素.

下面将主要介绍 PPO-Clip 方法, 并且在 3.4.8 节应用该方法对例 1.5 进行尝试.

PPO-Clip

令 L 代表

$$L(s,a,\theta_k,\theta) = \min\left(\frac{\pi_\theta(a|s)}{\pi_{\theta_k}(a|s)}A^{\pi_{\theta_k}}(s,a), \ \ \text{clip}\left(\frac{\pi_\theta(a|s)}{\pi_{\theta_k}(a|s)},1-\epsilon,1+\epsilon\right)A^{\pi_{\theta_k}}(s,a)\right),$$
(3.3.17)

式中, ϵ 为一个小的参数, 代表允许新策略离旧策略多远. 式中的剪裁函数 clip 定义为:

$$\text{clip}(x,a,b) = \begin{cases} x, & x \in (a,b); \\ a, & x \leqslant a; \\ b, & x \geqslant b. \end{cases}$$

上式中的变元 x 如果是数组, 则每个数组元素都做同样剪裁; 如果上式中的 a 和 b 也是数组 (必须和 x 有同样维度), 则剪裁对应于每个元素. Python 中的剪裁函数包括 (在 Numpy 中的) clip 和 (在 Torch 中的) clamp.

PPO-Clip 对策略的更新为:

$$\theta_{k+1} = \arg\max_\theta \ \mathop{E}_{s,a\sim\pi_{\theta_k}} \left[L(s,a,\theta_k,\theta)\right],$$

一般要利用批次采取很多步的随机梯度下降 (stochastic gradient descent , SGD) 来做最大化. 上式的 L 可以用另外的方式来展示 (也是计算代码中常用的):

$$L(s,a,\theta_k,\theta) = \min\left(\frac{\pi_\theta(a|s)}{\pi_{\theta_k}(a|s)}A^{\pi_{\theta_k}}(s,a), \ \ \boldsymbol{g}(\epsilon,A^{\pi_{\theta_k}}(s,a))\right),$$

式中:

$$\boldsymbol{g}(\epsilon,A) = \begin{cases} (1+\epsilon)A, & A \geqslant 0; \\ (1-\epsilon)A, & A < 0. \end{cases}$$

为了便于说明, 只考虑简单的状态 – 行动对 (s,a) 的两种情况:

1. **优势为正值:** 如果对于状态 – 行动对 (s,a) 优势为正, 这时其对于目标的贡献化简为:

$$L(s,a,\theta_k,\theta) = \min\left(\frac{\pi_\theta(a|s)}{\pi_{\theta_k}(a|s)},(1+\epsilon)\right)A^{\pi_{\theta_k}}(s,a).$$

由于优势为正, 如果行动使得 $\pi_\theta(a|s)$ 增加, 那么目标应该增加. 但对其取最小值 (min) 对于目标的增加程度提供了限制. 一旦 $\pi_\theta(a|s) > (1+\epsilon)\pi_{\theta_k}(a|s)$, 取最小值造成该项 为 $(1+\epsilon)A^{\pi_{\theta_k}}(s,a)$. 因此新策略不会离旧策略太远.

2. **优势为负值:** 如果对于状态 – 行动对 (s,a) 优势为负, 它对目标的贡献化为:

$$L(s,a,\theta_k,\theta) = \max\left(\frac{\pi_\theta(a|s)}{\pi_{\theta_k}(a|s)},(1-\epsilon)\right)A^{\pi_{\theta_k}}(s,a).$$

由于优势为负, 如果行动使得 $\pi_\theta(a|s)$ 减少, 目标应该增加. 但取最大值 (max) 限制了 其增加的幅度. 一旦 $\pi_\theta(a|s) < (1-\epsilon)\pi_{\theta_k}(a|s)$, 该项为 $(1-\epsilon)A^{\pi_{\theta_k}}(s,a)$. 这同样使得新 策略不能离旧策略太远.

PPO-Clip 算法需要两个同样结构 (只是输出层节点个数不同) 的深度学习神经网络或 者一个有两个输出的分叉神经网络, 无论是两个网络或一个等价的 2 分叉网络的两个输出

分别为:

1. 策略 (记参数为 θ) 有和行动空间维度一样的输出节点, 给出各个行动的软最大 (soft-max) 概率.
2. V 价值 (记参数为 ϕ) 输出一个实数值.

在进行网络初始化之后, 进行逐步学习, 在第 k 步实施下列做法:

1. 实施策略 $\pi_k = \pi(\theta_k)$ 以获得轨迹 $\mathcal{D} = \{\tau_i\}$.
2. 估计预期奖励 R_t.
3. 基于目前价值函数 V_{ϕ_k} 估计优势 A_t.
4. 利用 PPO-Clip 对象的最大化 (通过网络优化的 Adam 随机梯度上升法) 来更新策略:

$$\theta_{k+1} = \arg\max_{\theta} \frac{1}{|\mathcal{D}|T} \sum_{\tau \in \mathcal{D}} \sum_{t=0}^{T} \min\left(\frac{\pi_\theta(a_t|s_t)}{\pi_{\theta_k}(a_t|s_t)} A^{\pi_{\theta_k}}(s_t, a_t), g(\epsilon, A^{\pi_{\theta_k}}(s_t, a_t)) \right).$$

(3.3.18)

5. 利用均方误差回归 (往往通过梯度下降法) 来拟合价值函数:

$$\phi_{k+1} = \arg\min_{\phi} \frac{1}{|\mathcal{D}|T} \sum_{\tau \in \mathcal{D}} \sum_{t=0}^{T} \left(v_\phi(s_t) - R_t \right)^2.$$

(3.3.19)

PPO-Penalty

类似于 AC 方法, PPO 算法学习具有优势 A 的策略参数 θ. 假定行动 a 使得优势增加, 则 $P(a|\pi_\theta(s))$ 应该随着 θ 更新而增加, 即期望

$$\max_a E\left[\frac{P(a|\pi_\theta(s))}{P(a|\pi_{\theta_{old}}(s))} A \right].$$

为了防止大的策略更新, PPO 算法对这种期望进行处罚, 因此我们寻求最大化下式的最优 θ:

$$\max_\theta E\left[\frac{P(a|\pi_\theta(s))}{P(a|\pi_{\theta_{old}}(s))} A - \beta \cdot KL\left(P(\cdot|\pi_{\theta_{old}}(s)) \| P(\cdot|\pi_\theta(s)) \right) \right],$$

这里的惩罚项为 KL 散度. β 是惩罚权重的系数. 显然, 即使上式的第一项

$$\frac{P(a|\pi_\theta(s))}{P(a|\pi_{\theta_{old}}(s))} A$$

很大, 当第二项 KL 散度所显示的 $P(\cdot|\pi_{\theta_{old}}(s))$ 和 $P(\cdot|\pi_\theta(s))$ 相差大时仍必须拒绝 θ.

3.3.9 SAC 算法

SAC (soft actor-critic) 算法 (也可译为软演员 – 批评者算法) 不仅比一些传统 RL 算法具有更高的样本效率, 而且有望在克服收敛脆弱性 (brittleness) 上具有稳健性.

在某些情况下, SAC 算法不仅能在很短的时间内学习, 还能泛化到它在训练期间没有见过的条件. 这使得有可能在非仿真环境中将强化学习应用于机器人和其他有关领域.

即使是成功的 RL 算法, 诸如 TRPO、PPO 和 A3C 等, 也存在样本效率低下的问题. 这是因为其以 on-policy 方法学习, 即在每次策略更新后它们需要全新的样本. 相比之下, 诸如 DDPG 和 TD3PG (twin delayed DDPG) 等基于 Q 学习的 off-policy 方法能够使用经验回放缓存区从过去的样本中有效地学习. 然而, 这些方法的问题在于它们对超参数非常敏感, 需要大量调整才能使相应的网络收敛. SAC 继承了后一种算法的传统, 并增加了对抗收敛脆弱性的方法.

　　SAC 是为涉及连续动作的 RL 任务定义的, 其最大的特点是使用了修改后的 RL 目标函数. SAC 不仅寻求最大化终生奖励, 还寻求最大化策略的熵. 熵被视为随机变量的不可预测性. 在信息论中, 随机变量的熵是变量可能结果所固有的 "信息"、"意外" 或 "不确定性" 的平均水平. 以具有可能的值 $\{x_1, x_2, \ldots, x_n\}$ 及概率质量函数 $p(x)$ 的离散随机变量 X 为例[5], 它的熵可以定义为:

$$H(X) = E[-\log p(X)] = -\sum_{i=1}^{n} p(x_i) \log_b p(x_i),$$

这里 b 为对数的底, 在不同的领域有各自习惯的选择, 比如 $b = 2$ 或 $b = e$ (自然对数) 等, 对强化学习来说, b 的选择没有多大区别.

　　显然, 总是取相同常数的随机变量的熵为零, 因为它不是不可预测的. 如果随机变量可以是任何具有相等概率的实数, 那么它具有非常高的熵, 因为它非常不可预测. 我们希望策略中有一个高熵以明确鼓励探索, 鼓励给具有 (几乎) 相等 Q 值的行动分配相等的概率, 以捕获多种接近最优行为的模式, 并确保它不会重复选择一个行动而使得训练崩溃. 因此, SAC 通过鼓励探索而放弃显然没有希望的途径来克服脆弱性问题. 为此, 希望最大化包括奖励项及加权 (α) 熵的新目标函数:

$$J(\pi) = \sum_{t=0}^{T} E_{(s_t, a_t) \sim \rho_\pi} \left[r(s_t, a_t) + \alpha H(\pi(\cdot|s_t)) \right]. \tag{3.3.20}$$

温度参数 α 决定了熵项于奖励的相对重要性, 从而控制了最优策略的随机性. 尽管在 $\alpha \to 0$ 时可重现传统目标, 但最大熵目标不同于传统强化学习中使用的标准最大期望奖励目标.

软策略迭代

　　这里将从推导**软策略迭代** (soft policy iteration) 开始, 这是一种学习最优最大熵策略的通用算法, 它在最大熵框架中的策略评估和策略改进之间交替.

　　在软策略迭代的策略评估步骤中, 我们希望根据式 (3.3.20) 中的最大熵目标计算策略 π 的值. 我们的熵对于固定策略, 可以从任何投影 $q : S \times A \mapsto \mathbb{R}$ 开始迭代计算软 Q 值, 并重复应用下面定义的修改后的 Bellman 备份算子 $\mathcal{T}^\pi$:

$$\mathcal{T}^\pi q(s_t, a_t) \equiv r(s_t, a_t) + \gamma E_{s_{t+1} \sim p}[V(s_t + 1)], \tag{3.3.21}$$

式中:

$$V(s_t) = E_{a_t \sim \pi}[q(s_t, a_t) + \alpha H(\cdot|s_t)] \tag{3.3.22}$$

是软状态价值函数. 我们定义 $q^{k+1} = \mathcal{T}^\pi q^k$. 可以证明, 在某些条件下, 当 $k \to \infty$, 序列 q^k 将收敛到 π 的软 Q 值.

　　在策略改进步骤中, 朝着新 Q 函数的对数来更新策略. 这种更新能够在软值的意义下保证策略的改进. 在实践中为了易于处理, 将策略限制为一组诸如某分布族的策略集合 Π, 例如, 在 3.4.9 节 SAC 关于例 1.6 问题的实现中, 策略对应于参数化的正态分布族. 为了解释 $\pi \in \Pi$ 的约束, 将改进的策略投影到所需的策略集中. 这时, 如果 Π 是个分布族, 则有 $a \sim \Pi = \pi_\phi(a|s)$. 对于分布 $\pi_\phi(a|s)$, 熵为:

$$H(a|s) = -\log \pi_\phi(a|s).$$

---

[5]有密度函数 $p(x)$ 的连续随机变量的熵通常定义为 $H(X) = -\int_{-\infty}^{\infty} p(x) \log p(x) \, dx$.

使用根据 Kullback-Leibler 散度定义的信息进行投影会很方便. 这时, 按照下式来更新策略 (参见式 (3.3.20)):

$$\pi_{new} = \arg\min_{\pi' \in \Pi} D_{\text{KL}} \left(\pi'(\cdot|s_t) \left\| \frac{\exp(q^{\pi_{old}}(s_t, \cdot))}{Z^{\pi_{old}}(s_t)} \right. \right), \tag{3.3.23}$$

函数 $Z^{\pi_{old}}(s_t)$ 对分布进行标准化. 对于这个预测, 可以证明新的预测策略比旧策略具有更高的价值, 也就是说, 对于定义在式 (3.3.23) 中的 $\pi_{old}, \pi_{new} \in \Pi$, 有

$$q^{\pi_{new}}(s_t, a_t) \geqslant q^{\pi_{old}}(s_t, a_t), \quad \forall (s_t, a_t) \in S \times A, \ |A| < \infty.$$

全软策略迭代算法在软策略评估和软策略改进步骤之间交替进行, 并且可以证明它会收敛到 Π 中的最优最大熵策略. 具体来说即从任何 $\pi \in \Pi$ 重复软策略评估和软策略改进, 导致策略收敛到策略 π^*, 使得

$$q^{\pi^*}(s_t, a_t) \geqslant q^{\pi}(s_t, a_t), \quad \forall \pi \in \Pi, \ (s_t, a_t) \in S \times A, \ |A| < \infty.$$

尽管该算法可以被证明能找到最佳解决方案, 但只能在离散表格的情况下以它的精确形式实现. 因此, 需要逼近连续域的算法, 可以依赖函数逼近器来表示 Q 值, 这种近似思维产生了 SAC 算法. 我们所选择的函数逼近器是深度神经网络.

SAC 算法

下面将对 Q 函数和策略使用函数逼近器, 而不是进行评估和改进收敛. 要交替使用随机梯度下降优化两个网络. 考虑参数化状态值函数 $V_\psi(s_t)$ (参数 ψ)、软 Q 函数 $Q_\theta(s_t, a_t)$ (参数 θ) 和易处理的策略 $\pi_\phi(a_t|s_t)$ (参数 ϕ). 比如可以将价值函数建模为神经网络, 将策略建模为具有由神经网络给出的均值和协方差的高斯分布.

状态值函数近似于软值, 原则上不需要为状态值设一个单独的函数逼近器. 但在实践中, 使用一个单独的软值函数逼近器可以稳定训练, 并且便于与其他网络同时训练. 训练软值函数需要最小化平方残差:

$$J_V(\psi) = E_{s_t \in \mathcal{D}} \left[\frac{1}{2} (V_\psi(s_t) - E_{a_t \sim \pi_\phi}[q_\theta(s_t, a_t) + \alpha H(a_t|s_t)])^2 \right], \tag{3.3.24}$$

式中, $\mathcal{D}$ 是先前样本的状态和行动的分布或重放缓存区. 式 (3.3.24) 的梯度可以用下面无偏估计器估计:

$$\hat{\nabla}_\psi J_V(\psi) = \nabla_\psi V_\psi(s_t)[V_\psi(s_t) - q_\theta(s_t, a_t) - \alpha H(a_t|s_t)], \tag{3.3.25}$$

这里的行动是根据当前策略而不是重放缓存区的抽样. 可以训练软 Q 函数参数以最小化软 Bellman 残差:

$$J_Q(\theta) = E_{(s_t, a_t) \sim \mathcal{D}} \left[\frac{1}{2} (q_\theta(s_t, a_t) - \hat{q}(s_t, a_t))^2 \right]. \tag{3.3.26}$$

其中:

$$\hat{q}(s_t, a_t) = r(s_t, a_t) + \gamma E_{s_{t+1} \sim p}[V_{\bar{\psi}}(s_{t+1})], \tag{3.3.27}$$

它能够用下面的随机梯度来优化:

$$\hat{\nabla}_\theta J_Q(\theta) = \nabla_\theta q_\theta(a_t, s_t)[q_\theta(s_t, a_t) - r(s_t, a_t) - \gamma V_{\bar{\psi}}(s_{t+1})]. \tag{3.3.28}$$

更新利用了目标价值网络 $V_{\bar{\psi}}$, 其中 $\bar{\psi}$ 可以是价值网络权重的指数移动平均值. 或者, 可以定期更新目标权重以匹配当前的价值函数权重, 也可以通过直接最小化式 (3.3.23) 中的预期

KL 散度来学习策略参数:

$$J_\pi(\phi) = E_{s_t \sim \mathcal{D}} \left[D_{\mathrm{KL}} \left(\pi_\phi(\cdot|s_t) \left\| \frac{\exp(q_\theta(s_t, \cdot))}{Z_\theta(s_t)} \right. \right) \right]. \tag{3.3.29}$$

有几个选项可以最小化 J_π. 策略梯度方法的一个典型解决方案是使用似然比梯度估计器, 它不需要通过策略和目标密度网络反向传播梯度. 然而, 在目标密度是 Q 函数时, 能由一个可以微分的神经网络表示, 以应用重新参数化技巧来得出较低方差估计量:

$$a_t = f_\phi(\epsilon_t; s_t), \tag{3.3.30}$$

其中, ϵ_t 是从某固定分布抽样得到的输入噪声向量. 可以将式 (3.3.29) 中的目标重写为:

$$J_\pi(\phi) = E_{s_t \sim \mathcal{D}, \epsilon_t \sim \mathcal{N}} [\log \pi_\phi(f_\phi(\epsilon_t; s_t)|s_t) - q_\theta(s_t, f_\phi(\epsilon_t; s_t))], \tag{3.3.31}$$

其中, π_ϕ 是根据 f_ϕ 隐式定义的, 由于函数 Z_θ 与 ϕ 无关, 可以省略. 可以用下式近似式 (3.3.31) 的梯度:

$$\hat{\nabla}_\phi J_\pi(\phi) = \nabla_\phi \log \pi_\phi(a_t|s_t) + [\nabla_{a_t} \log \phi_\phi(a_t|s_t) - \nabla_{a_t} q(s_t, a_t)] \nabla_\phi f_\phi(\epsilon_t; s_t), \tag{3.3.32}$$

其中, a_t 在 $f_\phi(\epsilon_t; s_t)$ 处进行评估. 这种无偏梯度估计器将 DDPG 风格的策略梯度扩展到任何易处理的随机策略.

SAC 方法在计算时, 首先初始化 $\psi, \bar{\psi}, \theta, \phi$ 等网络参数, 然后, 为每次迭代的情节:

1. 对每次环境步骤:
   (1) $a_t \sim \pi_\phi(a_t|s_t)$.
   (2) $s_{t+1} \sim p(s_{t+1}|s_t, a_t)$.
   (3) $\mathcal{D} \leftarrow \mathcal{D} \cup \{(s_t, a_t, r(s_t, a_t), s_{t+1})\}$.

2. 对每次梯度步骤:
   (1) $\psi \leftarrow \psi - \lambda_V \hat{\nabla}_\psi J_V(\psi)$.
   (2) $\theta_i \leftarrow \theta_i - \lambda_Q \hat{\nabla}_{\theta_i} J_Q(\theta_i), \ i \in \{1, 2\}$.
   (3) $\phi \leftarrow \phi - \lambda_\pi \hat{\nabla}\phi J_\pi(\phi)$.
   (4) $\bar{\psi} \leftarrow \tau\psi + (1 - \tau)\bar{\psi}$.

3.4 用第 1 章的例子理解本章算法

这一节通过对 1.7 节的一些例子进行代码运算介绍本章引入的一些算法. 有的例子可能会用多种方法处理, 并不是所有方法都很适合, 相信读者有能力做出比较, 并提出更有效的解决方案.

3.4.1 例 1.3 格子路径问题: SARSA

例 1.3 的 SARSA 方法的函数代码及实现 (使用了 2.1.4 节的函数 Q2Q 来计算相应的策略) 如下:

```
env=Gridworld()
def G_SARSA(nb_epi=500,epsilon = 0.05,alpha = 0.02,
            gamma = 1., q = None, env=env):
    sv=dict(zip(env.state_space.values(),env.state_space.keys()))
```

```
    D=env.state_space
    if q is None:
        q = np.ones((16,4)) #第0行和第15行没有意义(终点)
    for i in range(nb_epi):
        done = False
        x=np.random.randint(1,env.nS-1)
        env.s=D[x]
        if np.random.rand() > epsilon:
            a=np.argmax(q[env.s])
        else:
            a=np.random.randint(4)

        while not done:
            new_s, reward, done = env.step(a)
            if np.random.rand() > epsilon: # epsilon greedy
                new_a=np.argmax(q[new_s])
            else: new_a=np.random.randint(4)
            delta=reward + gamma * q[sv[new_s], new_a] - q[sv[env.s], a]
            q[sv[env.s], a] = q[sv[env.s], a] + alpha * delta
            env.s = new_s
            a = new_a
    return q

q=G_SARSA(nb_epi=500,epsilon = 0.8)
print(Q2Q(q))
```

输出为:

```
[[0. 1. 1. 1.]
 [2. 1. 2. 2.]
 [2. 2. 2. 2.]
 [2. 1. 1. 0.]]
```

例 1.3 函数 G_SARSA 的说明

关于函数 G_SARSA 代码的说明:

- 函数 G_SARSA 完全是根据下面的式 (3.4.1), 即式 (3.2.4) 做更新的:

$$q(s_t,a_t) \leftarrow (1-\alpha_t)q(s_t,a_t) + \alpha_t[r_{t+1} + \gamma \max_a q(s_{t+1},a)]$$

$$= q(s_t,a_t) + \alpha_t[r_{t+1} + \gamma \max_{a'} q(s_{t+1},a') - q(s_t,a_t)]. \qquad (3.4.1)$$

- 除了式 (3.4.1) 之外, 条件语句 np.random.rand()>epsilon: 表示这里还使用了 ϵ 贪婪方法. 代码显示以 $1-\epsilon$ 的概率按照 $\max_{a'} q(s_{t+1},a')$ 选择行动, 而以 ϵ 的概率随机选择行动. $\max_{a'} q(s_{t+1},a')$ 的代码为 a=np.argmax(q[env.s]).

- 代码中的量 delta=reward+gamma*q[sv[new_s], new_a]-q[sv[env.s],a]

即为 TD.

- 该方法最终输出了 Q 函数, 和 2.1.4 节的函数输出及使用函数 Q2Q 的运作类似.

3.4.2 例 1.4 出租车问题: SARSA

实施计算

出租车问题的 SARSA 解决代码在后面给出, 运行代码, 把 class Taxi 载入内存, 然后执行下面的代码来训练模型, 打印出训练过程条 (这里不显示), 最后把训练结果输出为图形 (参见图 3.4.1):

```
A=Taxi(); A.train()
A.plot_rate(file_name='taxi0.pdf')
```

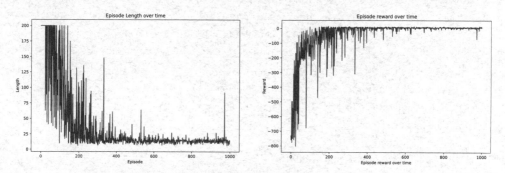

图 3.4.1   出租车问题每个时段的训练时长 (左) 和奖励 (右) 图

训练后的出租车问题的实践

我们可以随机实现训练后模型的一次出租车实践, 使用代码 A.Play() 输出了一个完整的搭载乘客的过程 (参见重新安排的顺序图 3.4.2, 每次都是从随机选择的状态开始):

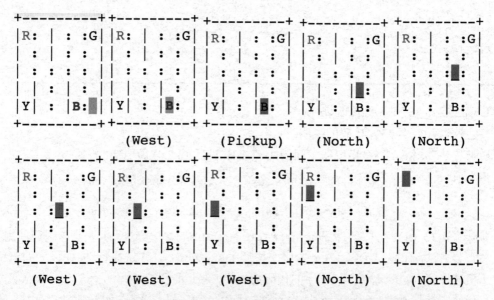

图 3.4.2   使用训练后的出租车模型 (从上左到下右次序)

出租车问题的 SARSA 方法代码

```python
import numpy as np
import gym
import matplotlib.pyplot as plt
import torch
from collections import defaultdict
from tqdm import tqdm
env = gym.make("Taxi-v3")


class Taxi:
    def __init__(self,num_episodes=1000,gamma=1,alpha=0.6,epsilon=0.01):
        self.num_actions = env.action_space.n
        self.num_states = env.observation_space.n
        self.num_episodes = num_episodes
        self.episode_length = [0] * num_episodes
        self.total_reward_episode = [0] * num_episodes


        self.gamma = gamma
        self.alpha = alpha
        self.epsilon = epsilon

    def sarsa(self):
        Q = defaultdict(lambda: torch.zeros(self.num_actions))
        def eps_policy(state, Q):
            probs = torch.ones(self.num_actions) *\
                self.epsilon / self.num_actions
            best_action = torch.argmax(Q[state]).item()
            probs[best_action] += 1 - self.epsilon
            action = torch.multinomial(probs, 1).item()
            return action

        for episode in tqdm(range(self.num_episodes)):
            state = env.reset()
            is_done = False
            action = eps_policy(state, Q)
            while not is_done:
                next_state, reward, is_done, info = env.step(action)
                next_action = eps_policy(next_state, Q)
                del_td = reward + self.gamma *\
                    Q[next_state][next_action] - Q[state][action]
                Q[state][action] += self.alpha * del_td
                state = next_state
```

```
            action = next_action
            self.total_reward_episode[episode] += reward
            self.episode_length[episode] += 1
    policy = {}
    for state, actions in Q.items():
        policy[state] = torch.argmax(actions).item()
    return Q, policy

def train(self):
    self.optimal_Q, self.optimal_policy = self.sarsa()
def plot_rate(self,file_name=None):
    fig, ax = plt.subplots(1, 2, figsize=(21, 6))
    ax[0].plot(self.episode_length)
    ax[0].set_title("Episode Length over time")
    ax[0].set(xlabel="Episode", ylabel="Length")
    ax[1].plot(self.total_reward_episode)
    ax[1].set_title("Episode reward over time")
    ax[1].set(xlabel="Episode reward over time", ylabel="Reward")
    if file_name!=None:
        fig.savefig(file_name,bbox_inches='tight',pad_inches=0)
    plt.show()


def Play(self):
    next_state = env.reset()
    is_done=False
    while not is_done:
        env.render()
        next_state, reward, is_done, info=\
        env.step(self.optimal_policy[next_state])
```

上面代码的要点为:

- 函数 sarsa 要训练很多次 (这里代码默认 1000 个情节), 最终得到训练好的 Q 表格. 其中每一个情节都要从出租车的任意状态 (state = env.reset()) 开始到结束 (is_done=True).
- 对象 Q 或者后面的 optimal_Q 是 Q 方法的 Q 表格, 这里是一个 dict 形式, 它的 key (Q.keys()) 是后来赋予的状态编号 (少于 500 个), 而其值 (Q.values()) 为 6 维数组, 会装入 6 个可能行动的累积奖励 (Q 值).
- 函数 sarsa 所包含的函数 eps_policy(state, Q) 是状态 (编号) 和Q 的 ϵ 贪婪算法的函数, 输出为行动 (action). 步骤为:
    (1) 该算法使用多项分布 (6 项分布) 来选择行动. 初始的多项分布的参数为 $p_i = \epsilon/6$ ($i = 1, 2, \ldots, 6$) (注意真正的概率是比例 $p_i/\sum p_i$);
    (2) 对于输入的状态 (state) 和 Q 值向量 (Q), 选择使 Q 值最大的行动作为最优行动,

```
best_action = torch.argmax(Q[state]).item();
```

(3) 把相应于最优行动的多项分布参数增加 $1 - \epsilon$;

(4) 然后根据修正的概率从多项分布中得到输出的行动.

- 函数 sarsa 在某一个情节的步骤开始时已经有了前面步骤得到的 Q 值 (Q), 下面的操作为:

  (1) 每一个情节的一开始随便选择一个状态 (state = env.reset());

  (2) 根据 ϵ 贪婪函数得到一个行动 (action = eps_policy(state, Q));

  (3) 通过 env.step(action) 得到该行动转移到的新状态, 是否结束及奖惩等输出 (这依赖于环境, 和我们的方法无关);

  (4) 然后对 Q 表格做更新, 代码与式 (3.2.4) 完全相同:

  $$q(s_t, a_t) \leftarrow q(s_t, a_t) + \alpha \left[R_{t+1} + \gamma \max_a q(s_{t+1}, a) - q(s_t, a_t) \right].$$

  (5) 在每一个情节记录一个总奖励 (total_reward_episode);

  (6) 最终, 函数 sarsa 输出更新的 Q 表格 (Q) 及相应于每个状态的最优行动 (policy) 的 dict, 其 key 为状态 (取值于约 500 个可能状态), 值为 6 个行动之一.

- 函数 train 仅仅是执行函数 sarsa, 输出 optimal_Q 和 optimal_policy.

- 函数 plot_rate 点出各个情节训练次数及累积奖励图.

- 函数 Play 实践一次随机状态开始按照最优行动的出租车载客过程.

3.4.3 例 1.3 格子路径问题: 加倍 Q 学习

例 1.3 的加倍 Q 学习方法的函数代码及实现 (使用了 2.1.4 节的函数 Q2Q 来计算相应的策略) 如下:

```
def G_DQ(nb_epi=500,epsilon = 0.05,alpha = 0.02,
         gamma = 1., env=env):
    sv=dict(zip(env.state_space.values(),env.state_space.keys()))
    D=env.state_space
    q1 = np.ones((16,4)) #第0行和第15行没有意义(终点)
    q2 = np.ones((16,4)) #第0行和第15行没有意义(终点)
    for i in range(nb_epi):
        done = False
        x=np.random.randint(1,env.nS-1)
        env.s=D[x]
        if np.random.rand() > epsilon:
            q=q1+q2
            a=np.argmax(q[env.s])
        else:
            a=np.random.randint(4)

        while not done:
            new_s, reward, done = env.step(a)
            if np.random.rand() > epsilon: # epsilon greedy
                q=q1+q2
                new_a=np.argmax(q[new_s])
            else: new_a=np.random.randint(4)
            if np.random.rand()>0.5:
```

```
                delta=reward + gamma * q1[sv[new_s], new_a] - q1[sv[env.s], a]
                q1[sv[env.s], a] = q1[sv[env.s], a] + alpha * delta
            else:
                delta=reward + gamma * q2[sv[new_s], new_a] - q2[sv[env.s], a]
                q2[sv[env.s], a] = q2[sv[env.s], a] + alpha * delta
            env.s = new_s
            a = new_a
    return q1,q2

env=Gridworld()
q1,q2=G_DQ(nb_epi=600,epsilon = .8)
print(Q2Q(q1),'\n',Q2Q(q2))
```

输出为:

```
[[0. 1. 1. 2.]
 [2. 1. 2. 2.]
 [2. 2. 2. 2.]
 [2. 2. 2. 0.]]
[[0. 1. 1. 1.]
 [2. 2. 2. 2.]
 [2. 2. 2. 2.]
 [2. 2. 1. 0.]]
```

例 1.3 函数 G_DQ 的说明

关于函数 G_DQ 代码的说明:

- 函数 G_DQ 和前面函数 G_SARSA 的结构完全一样.
- 函数 G_DQ 和函数 G_SARSA 的区别在于根据 3.2.3 节的公式设立了两个 Q 函数, 并且随机轮换更新.
- 该方法最终输出了两个 Q 函数, 并使用函数 Q2Q 来查看结果是否最优.

3.4.4　例 1.5 推车杆问题: 深度 Q 学习

代码及运行

下面是对例 1.5 的深度 Q 学习方法的一个实践代码, 是为了说明算法. 这里将要使用软件包 torch 的神经网络, 首先要载入需要的程序包并载入例 1.5 的环境 (CartPole-v1):

```
import torch
import gym
import random
import torch.optim as optim
import torch.nn as nn
import torch.nn.functional as F
import matplotlib.pyplot as plt

env=gym.make('CartPole-v1')
```

定义一个神经网络, 这里的层数和每层的节点数都是可以变动的.

```python
class Network(torch.nn.Module):

    def __init__(self,env=env, H1 = 1024, H2 = 512, L_R = 0.0001):
        super(Network,self).__init__()
        self.input_shape = env.observation_space.shape
        self.action_space = env.action_space.n

        self.fc1 = nn.Linear(*self.input_shape, H1)
        self.fc2 = nn.Linear(H1, H2)
        self.fc3 = nn.Linear(H2, self.action_space)

        self.optimizer = optim.Adam(self.parameters(), lr=L_R)
        self.loss = nn.MSELoss()
    def forward(self, x):
        x = F.relu(self.fc1(x))
        x = F.relu(self.fc2(x))
        x = self.fc3(x)

        return x
```

上面定义的神经网络有一个输入层 (输入变量有和状态空间同样的维度), 一个隐藏层及一个输出层 (输出相应于两个可能行动的 Q 值), 其中输入层及隐藏层均使用了 relu 激活函数.

```
Network(
    (fc1): Linear(in_features=4, out_features=1024, bias=True)
    (fc2): Linear(in_features=1024, out_features=512, bias=True)
    (fc3): Linear(in_features=512, out_features=2, bias=True)
    (loss): MSELoss()
)
```

下面定义一个 class 来执行我们的任务:

```python
class DQN_CP:
    def __init__(self, env=env, buffer_size = 10000, batch_size = 64,
                 Gamma = 0.95, Exp_max = 1.0, Exp_min = 0.001, Exp_decay = 0.999):

        self.env = env
        self.explo_rate = Exp_max
        self.network = Network()
        self.buffer_size=buffer_size
        self.Gamma=Gamma
        self.Exp_decay=Exp_decay
        self.Exp_min=Exp_min
        self.batch_size=batch_size
```

```
        self.buffer={
        'states':np.zeros((buffer_size,*env.observation_space.shape),dtype=np.float32),
        'actions':np.zeros(buffer_size, dtype=np.int64),
        'rewards':np.zeros(buffer_size, dtype=np.float32),
        'states_':np.zeros((buffer_size,*env.observation_space.shape),dtype=np.float32),
        'dones':np.zeros(buffer_size, dtype=np.bool_)}
        self.mem_count=0

    def add(self, state, action, reward, state_, done):
        mem_index = self.mem_count % self.buffer_size
        Obs=[state, action, reward, state_, 1-done]
        for m,key in enumerate(['states', 'actions', 'rewards', 'states_', 'dones']):
            self.buffer[key][mem_index]=Obs[m]
        self.mem_count += 1

    def sample(self):
        MEM_MAX = min(self.mem_count, self.buffer_size)
        batch_indices = np.random.choice(MEM_MAX, self.batch_size, replace=True)
        s  = self.buffer['states'][batch_indices]
        a = self.buffer['actions'][batch_indices]
        r = self.buffer['rewards'][batch_indices]
        s_ = self.buffer['states_'][batch_indices]
        d  = self.buffer['dones'][batch_indices]
        return s, a, r, s_, d

    def get_action(self, obs):
        if random.random() < self.explo_rate:
            return self.env.action_space.sample()

        state = torch.tensor(obs).float().detach().unsqueeze(0)
        q_values = self.network(state)
        return torch.argmax(q_values).item()

    def update(self):
        if self.mem_count < self.batch_size:
            return

        states, actions, rewards, states_, dones = self.sample()
        states = torch.tensor(states , dtype=torch.float32)
        actions = torch.tensor(actions, dtype=torch.long)
        rewards = torch.tensor(rewards, dtype=torch.float32)
        states_ = torch.tensor(states_, dtype=torch.float32)
        dones = torch.tensor(dones, dtype=torch.bool)
        batch_indices = np.arange(self.batch_size, dtype=np.int64)

        q_values = self.network(states)
        next_q_values = self.network(states_)

        q_pred = q_values[batch_indices, actions]
        q_pred_ = torch.max(next_q_values, dim=1)[0]

        q_target = rewards + self.Gamma * q_pred_ * dones
```

```
            loss = self.network.loss(q_target, q_pred)
            self.network.optimizer.zero_grad()
            loss.backward()
            self.network.optimizer.step()

            self.explo_rate *= self.Exp_decay
            self.explo_rate = max(self.Exp_min, self.explo_rate)

    def Train(self):
        solved = False
        reward_history = []
        avg_reward = []
        best_reward = 0
        average_reward = 0
        episode_number = []
        average_reward_number = []

        i=0
        while not solved:
            i+=1
            state = self.env.reset()
            state = np.reshape(state, [1, 4])
            score = 0

            while not solved:
                env.render()
                action = self.get_action(state)
                state_, reward, done, info = self.env.step(action)
                state_ = np.reshape(state_, [1, 4])
                self.add(state, action, reward, state_, done)
                self.update()
                state = state_
                score += reward

                if done:
                    if score > best_reward:
                        best_reward = score
                    average_reward += score
                    reward_history.append(score)
                    moving_avg_reward=sum(reward_history[-10:])/10.0
                    avg_reward.append(moving_avg_reward)
                    if best_reward==500 and moving_avg_reward >=350:
                            solved = True
                    print("Episode {} Mean Reward {} Best Reward {} Last Reward {}"
                        "Epsilon {}".format(i, moving_avg_reward, best_reward,
                                        score, np.round(agent.explo_rate,4)))
                    break

            episode_number.append(i)
            average_reward_number.append(average_reward/i)
        return(reward_history,avg_reward)
```

然后我们通过 DQN_CP 来进行训练并且把结果画出图来 (参见图 3.4.3).

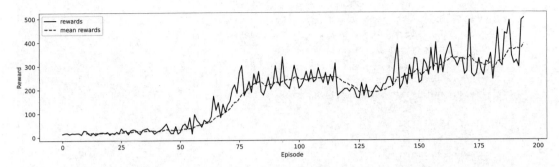

图 3.4.3 例 1.5 的深度 Q 学习方法的随情节 (episode) 的奖励和移动平均奖励

```
agent = DQN_CP()
reward_history,avg_reward=agent.Train()

x=np.arange(len(reward_history))
plt.figure(figsize=(16,4))
plt.plot(x,reward_history, c='k',label='rewards')
plt.plot(x[10:],avg_reward[10:],linestyle='--',
        c='b',label='mean rewards')
plt.legend()
plt.xlabel('Episode')
plt.ylabel('Reward')
# plt.savefig("DQN209.pdf",bbox_inches='tight',pad_inches=0)
```

下面是考察学习结果的图形, 其中奖励在一个情节中最多是 500, 从图 3.4.3 来看训练并不是很稳定的. 这个程序究竟只是一个说明性的简单 DQN 而已. 相信读者可以通过改变网络结构及各个参数来得到较好的结果.

DQN_CP 代码的解释

下面是 class DQN_CP 代码的一些要点:

1. 在前面的实例变量 (instance variables) 部分, 除了一些参数之外, 主要引入了:
   (1) 环境 (self.env), 即推车杆.
   (2) 根据 class Network 建立的网络 (self.network).
   (3) 缓存回放数据集 (self.buffer), 这是字典形式, 每个键 (key) 代表一个需要存储的变量.
2. 函数 add 用于往 buffer 中相应的位置加入新信息的函数, 这些信息包括目前状态 (state)、在该状态采取的行动 (action)、得到的奖励 (reward)、下一个状态 (state_) 以及是否终结 (done).
3. 函数 sample 用于在缓存回放数据集中抽取一个批次的样本, 作为训练神经网络的数据. 输出就是缓存中变量的批次大小的几个向量.
4. 函数 get_action 输入状态观测值, 输出行动. 原则是以概率 self.explo_rate (ϵ) 做探索 (随机采取行动), 而以 $1-\epsilon$ 的概率利用网络来选择使得 Q 值最大的行动.

5. 函数 update 是用来更新网络权重的. 如果缓存回放数据集中有足够一个批次的数据, 则做下面运算:

(1) 首先通过函数 sample 从 buffer 中抽取一个批次样本.

(2) 用网络根据状态 s 预测和相应行动 a 相关的 Q 值 $q(s,a)$ (q_pred).

(3) 用网络根据下一个状态 s' 得到最大的 Q 值 $q' = \max_a q(s',a)$ (q_pred_).

(4) 计算目标值: $r + \gamma \max_a q(s',a)$ (q_target).

(5) 按照网络设定的损失函数 (network.loss(q_target, q_pred)), 即目标值和预测值的均方误差, 进行反向传播 (loss.backward), 并按照网络设定的 Adam 优化方法更新网络权重.

6. 最后的函数 Train 是具体的强化学习训练过程的执行. 一开始设定一些初始值和空数据集, 以备记录过程和结果 (有些没有输出, 只是为了查看代码性能时调程序用).

7. 然后进行一些数目不定的情节过程, 以达到某个目标 (达到以 solved=True 为指标的精度) 来结束这些情节过程. 每一个情节以 down=False 开始, 以 down=True 结束. 在给出初始状态后的每个情节:

(1) env.render 演示推车杆在训练中的状态变化 (可以选择使用).

(2) 通过 get_action 得到当前状态的行动.

(3) 通过 env.step 得到当前状态 (state) 和行动 (action) 下, 环境给出的下一个状态 (state_) 及 done 的值, 并把这些值通过函数 add 加到 buffer 中.

(4) 利用函数 update 更新网络, 如果还不终结则准备下一个情节.

8. 如果情节结束 (if down), 则把该情节中的各种信息存储到一些记录变量中.

9. 设定一个终止强化学习训练的条件 (solved=True), 可以是任何指标. 比如, 可以是情节数目的限制, 可以是累积奖励或平均奖励等各种标准, 也可以是各种标准的组合.

3.4.5 例 1.5 推车杆问题: A3C

首先输入需要的一些程序包:

```
import gym, os
from itertools import count
import torch
import torch.nn as nn
import torch.optim as optim
import torch.nn.functional as F
from torch.distributions import Categorical
```

之后定义分别相应于演员及批评者的两个神经网络:

```
D_in = 4;H = [128, 256];DA_out = 2; DC_out = 1
Ann = nn.Sequential(nn.Linear(D_in, H[0]),
                    nn.ReLU(),
                    nn.Linear(H[0], H[1]),
                    nn.ReLU(),
```

```
                        nn.Linear(H[1], DA_out),
                        nn.Identity())

Cnn = nn.Sequential(nn.Linear(D_in, H[0]),
                        nn.ReLU(),
                        nn.Linear(H[0], H[1]),
                        nn.ReLU(),
                        nn.Linear(H[1], DC_out),
                        nn.Identity())
optimizerA = torch.optim.Adam(Ann.parameters(), lr=1e-3)
optimizerC = torch.optim.Adam(Cnn.parameters(), lr=1e-3)
loss_fn = torch.nn.HuberLoss(reduction='mean', delta=1.0)
print(Ann),print(Cnn)
```

这两个网络的结构一样, 仅有的区别是代表演员 $q(s_t, a_t)$ 的网络 (Ann) 输出层有两个 Q 价值, 分别对应于两个行动, 而代表批评者 $v(s_t)$ 的网络 (Cnn) 输出层只有一个 V 价值. 网络的具体打印输出为:

```
Sequential(
  (0): Linear(in_features=4, out_features=128, bias=True)
  (1): ReLU()
  (2): Linear(in_features=128, out_features=256, bias=True)
  (3): ReLU()
  (4): Linear(in_features=256, out_features=2, bias=True)
  (5): Identity()
)
Sequential(
  (0): Linear(in_features=4, out_features=128, bias=True)
  (1): ReLU()
  (2): Linear(in_features=128, out_features=256, bias=True)
  (3): ReLU()
  (4): Linear(in_features=256, out_features=1, bias=True)
  (5): Identity()
)
```

下面是计算累积奖励的函数, 由于奖励记录是跨情节的, 所以有一个示性函数 masks 来标明情节的结束 (1-done) 以避免多算. 该函数是按照从视界 (最后一步) 往前计算累积奖励, 因为价值函数定义为奖励的期望值.

```
def Returns(next_value, rewards, masks, gamma=0.99):
    R = next_value
    returns = []
    for step in reversed(range(len(rewards))):
        R = rewards[step] + gamma * R * masks[step]
```

```
        returns.insert(0, R)
    return returns
```

下面定义训练了两个神经网络的函数:

```python
def Train(n_iters=100,save=False):
    global optimizerA
    global optimizerC
    global Ann
    global Cnn
    Scores=[]
    Ave_R=[]
    for iter in range(n_iters):
        state = env.reset()
        log_probs = []
        values = []
        rewards = []
        masks = []
        env.reset()

        for i in count():
            env.render()
            state = torch.tensor(state).float()
            ann=Ann(state)
            dist=Categorical(F.softmax(ann, dim=-1))
            action = dist.sample()
            value = Cnn(state)

            next_state, reward, done, _ = env.step(action.numpy())

            log_prob = dist.log_prob(action).unsqueeze(0)

            log_probs.append(log_prob)
            values.append(value)
            rewards.append(torch.tensor([reward]).float())
            masks.append(torch.tensor([1-done]).float())

            state = next_state

            if done:
                if iter%10==0:
                    print(f'Iteration: {iter}/{n_iters}, Score: {i+1}')
                break
        Scores.append(i+1)
```

```
        next_state = torch.tensor(next_state).float()
        next_value = Cnn(next_state)
        returns = Returns(next_value, rewards, masks)

        log_probs = torch.cat(log_probs)
        returns = torch.cat(returns).detach()
        values = torch.cat(values)

        advantage = returns - values

        actor_loss = -(log_probs * advantage.detach()).mean()
        critic_loss = advantage.pow(2).mean() # 均方

        optimizerA.zero_grad()
        optimizerC.zero_grad()
        actor_loss.backward()
        critic_loss.backward()
        optimizerA.step()
        optimizerC.step()
        Ave_R=np.mean(Scores[-50:])
        if Ave_R>470:
            break
    if save:
        torch.save(Ann, 'Ann.pkl')
        torch.save(Cnn, 'Cnn.pkl')
    env.close()
    print(f'Last Score: {i+1}')
    return Scores
```

函数 Train 程序首先把演员网络 (Ann) 和批评者网络 (Cnn) 及相应的优化选择作为总体变量, 然后做预定数量的训练情节. 每个情节都做到环境不允许为止. 在每个情节更新环境之后每一步实施下面的步骤:

1. 根据当前状态 (state), 从网络 Ann 得到相应于两个行动的 Q 价值. 然后变成两个 softmax 概率, 并以此作为分类分布 (这里是作为分类分布特例的二项分布) 的参数来抽样, 得到行动值 (action). 再通过网络 Cnn 获得 Q 价值 value, 即 $q(s)$.

2. 利用 env.step 函数得到该行动所得到的诸如下一个状态、奖励 (reward) 及是否终结 (done) 等结果, 而 log_prob 为分类分布的对数 $\log \pi(a|s)$.

3. 把每一步获得的上述结果加入相应的 list (log_probs, values, rewards, masks) 中, 这里除了 masks 代表 done 的 list 外, 其他名称类似于单独值的名称.

4. 在每个情节结束时打印一些信息.

5. 对于每个情节, 利用函数 Return 及上面得到的两个 list rewards, masks 计算回报值 returns, 再把该情节的 list values, log_probs 及刚得到的 returns 都和以

前情节的数据汇合 (利用函数 `torch.cat`).

6. 得到优势 (`advantage`) (参见式 (3.3.7)),并形成演员的损失函数 `actor_loss`(参见式 (3.3.6)) 及批评者的均方损失 `critic_loss`.

7. 最后根据这些损失函数来 (在每个情节) 训练深度神经网络.

在所有情节都完成之后,函数 `Train` 可以 (根据用户选择) 把这两个训练完的网络存储起来,方便以后提取使用.

下面是对函数 `Train` 的运行,并且对结果画出关于情节的奖励图 (参见图 3.4.4).

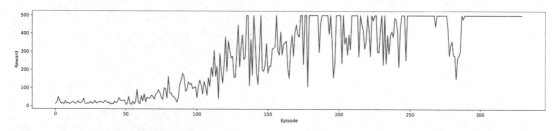

图 3.4.4　例 1.5 使用 A2C 方法得到的关于情节的奖励图

```
env = gym.make("CartPole-v1")
torch.manual_seed(7777);np.random.seed(7777)
Scores=Train(n_iters=500)

plt.figure(figsize=(21,4))
plt.plot(Scores)
plt.xlabel('Episode')
plt.ylabel('Reward')
plt.savefig("A_C99.pdf",bbox_inches='tight',pad_inches=0)
```

3.4.6　例 1.6 倒立摆问题: DDPG

在 3.4.4 节对例 1.5 推车杆问题的解决中,使用了可用于估计行动值函数的深度 Q 网络 (DQN) 算法. 虽然 DQN 可以解决高维度空间观测值问题,但它只能处理离散和低维的动作空间. 不能直接应用于连续的行动域的物理控制任务,因为在连续值的情况下,寻求使行动值函数最大化的行动的每一步都需要一个迭代优化过程. 这里使用 DDPG 方法来应对例 1.6 的连续状态空间及连续行动空间问题.

定义网络

首先定义演员和批评者的神经网络及相应的两个目标网络.

```
import torch
import torch.nn as nn
import torch.autograd
from torch.autograd import Variable
import copy
import torch.optim as optim
```

```
import random
from collections import deque

D_in = 3 # 状态空间维数
H = 256
D_out = 1 # 行动空间维数
Actor = nn.Sequential(nn.Linear(D_in, H),
                      nn.ReLU(),
                      nn.Linear(H, H),
                      nn.ReLU(),
                      nn.Linear(H, D_out),
                      nn.Tanh())
Actor_T=copy.deepcopy(Actor)
C_in=D_in+D_out # 状态空间维数+行动空间维数
Critic = nn.Sequential(nn.Linear(C_in, H),
                       nn.ReLU(),
                       nn.Linear(H, H),
                       nn.ReLU(),
                       nn.Linear(H, D_out),
                       nn.Identity())
Critic_T=copy.deepcopy(Critic)
print(Actor,Critic)
```

两个网络除了输入层之外, 其余结构相同, 如下面的输出所示:

```
Sequential(
  (0): Linear(in_features=3, out_features=256, bias=True)
  (1): ReLU()
  (2): Linear(in_features=256, out_features=256, bias=True)
  (3): ReLU()
  (4): Linear(in_features=256, out_features=1, bias=True)
  (5): Tanh()
) Sequential(
  (0): Linear(in_features=4, out_features=256, bias=True)
  (1): ReLU()
  (2): Linear(in_features=256, out_features=256, bias=True)
  (3): ReLU()
  (4): Linear(in_features=256, out_features=1, bias=True)
  (5): Identity()
)
```

主要 DDPG 学习代码

下面的 class 包含了主要的智能代理学习程序:

```
actor_learning_rate=1e-4
critic_learning_rate=1e-3
max_memory_size=50000   # 缓存回放数据集大小
replay=deque(maxlen=max_memory_size) # 缓存回放数据集
class DDPG:
    global Actor,Actor_T,Critic,Critic_T,actor_learning_rate,critic_learning_rate
    global replay,max_memory_size,gamma, tau

    def __init__(self, env):
        self.gamma = 0.99
        self.tau = 1e-2

        # 目标网络参数复制原网络参数:
        for target_param, param in zip(Actor_T.parameters(), Actor.parameters()):
            target_param.data.copy_(param.data)

        for target_param, param in zip(Critic_T.parameters(), Critic.parameters()):
            target_param.data.copy_(param.data)

        self.memory = replay    # 缓存回放数据集
        self.critic_criterion = nn.MSELoss() # 网络损失函数
        # 演员和批评者网络的优化器:
        self.actor_optimizer  = optim.Adam(Actor.parameters(), lr=actor_learning_rate)
        self.critic_optimizer = optim.Adam(Critic.parameters(), lr=critic_learning_rate)

    def get_action(self, state): # 根据演员网络从状态到行动的投影
        state = Variable(torch.from_numpy(state).float().unsqueeze(0))
        action = Actor(state)
        action = action.detach().numpy()[0,0]
        return action

    def update(self, batch_size): # 更新函数
        # 从缓存回放数据集中随机抽样并提取4个变量
        sample = random.sample(self.memory, batch_size)
        states = torch.tensor([exp[0] for exp in sample]).float()
        actions = torch.tensor([exp[1] for exp in sample]).float()
        rewards = torch.tensor([exp[2] for exp in sample]).float()
        next_states = torch.tensor([exp[3] for exp in sample]).float()

        # 批评者损失
        # 通过批评者网络得到q(s,a):
        Qvals = Critic(torch.cat([states, actions],1))
        # 得到 q'=r + gamma * q(s', a'), 并以q'与q的均方误差为损失:
        next_actions = Actor(next_states)
        next_Q = Critic_T(torch.cat([next_states, next_actions.detach()],1))
        Qprime = rewards + self.gamma * next_Q
        critic_loss = self.critic_criterion(Qvals, Qprime)

        # 演员损失
        policy_loss = -Critic(torch.cat([states, Actor(states)],1)).mean()

        # 网络更新(对两个原网络)
```

```
        self.actor_optimizer.zero_grad()
        policy_loss.backward()
        self.actor_optimizer.step()

        self.critic_optimizer.zero_grad()
        critic_loss.backward()
        self.critic_optimizer.step()

        # 两个目标网络更新
        for target_param, param in zip(Actor_T.parameters(), Actor.parameters()):
            target_param.data.copy_(param.data*self.tau+target_param.data*(1.-self.tau))

        for target_param, param in zip(Critic_T.parameters(), Critic.parameters()):
            target_param.data.copy_(param.data*self.tau+target_param.data*(1.-self.tau))
```

上述围绕 class DDPG 的代码的要点为:

1. 在 class DDPG 代码之前, 设立了演员和批评者网络以及相关的目标网络 (称为: Actor, Actor_T, Critic, Critic_T), 还设定了缓存回放数据集 replay (在 DDPG 中为 self.memory). 这些作为总体变量进入 DDPG 中.

2. 后面两个语句把原来 (结构相同的) 演员及批评者网络参数复制到相应的目标网络.

3. 设置深度学习网络所需的损失函数和优化器. 深度学习仅对 Actor (演员) 和 Critic (批评者) 两个网络进行, 因此只有两个优化器.

4. DDPG 中的函数 get_action 输入 (三维的) 状态, 根据 Actor 网络输出关于行动的一维结果. 由于需要转换变量 (在 Numpy 和 Torch 之间), 为了后续代码简洁, 才产生了这个函数.

5. 更新网络的函数 update 是主要函数, 其要点为:

   (1) 首先从缓存回放数据集中抽取批次样本并获得该批次的每个步骤的状态、行动、奖励及下一个状态 (通常记为 (s, a, r, s')).

   (2) 通过网络 Critic 得到 Q 价值 $q(s, a)$ (Qvals), 再通过网络 Actor 获得 $a' = \pi(s')$ (next_action), 通过目标网络 Critic_T 得到 $q(s', a')$ (next_Q), 最后得到 Qprime:

   $$q' = r + \gamma q(s', a').$$

   (3) 确定均方损失 critic_loss, 即式 (3.3.12), 并以此为网络 Critic 优化.

   (4) policy_loss 相应于式 (3.3.14), 并以此为网络 Actor 优化.

   (5) 该函数余下的部分为反向传播更新深度神经网络的权重, 并且把两个主要网络的系数复制到目标网络上.

学习过程及结果

```
import gym
import numpy as np
import pandas as pd
import matplotlib.pyplot as plt
```

```
env = gym.make("Pendulum-v1")
agent = DDPG(env)
noise = OUNoise(env.action_space)
batch_size = 128 # 批量大小
rewards = []
avg_rewards = []
torch.manual_seed(1010);np.random.seed(1010);random.seed(1010)

for episode in range(100): # 情节数目(这里是100)
    state = env.reset()
    noise.reset()
    episode_reward = 0

    for step in range(500):
        # 把每一个行动的有关信息存入缓存回放数据集
        action = agent.get_action(state)
        action = noise.get_action(action, step) # 加入OU噪声
        new_state, reward, done, _ = env.step(action)
        experience = (state, action, np.array([reward]), new_state, done)
        agent.memory.append(experience)

        if len(agent.memory) > batch_size:
            agent.update(batch_size)     # 更新网络

        state = new_state
        episode_reward += reward

        if done:
            print(f"episode={episode},"
                    f"reward={np.round(episode_reward,2)}")
            break

    rewards.append(episode_reward)
    avg_rewards.append(np.mean(rewards[-10:]))
```

上面的程序首先设定环境 env (倒立摆——Pendulum-v1); 代理 agent 为 class DDPG, 得到 Ornstein-Uhlenbeck 噪声过程 (noise). 其他诸如缓存回放集等初始对象的设定代码应该在关于 DDPG 的代码之前运行. 然后进行自定情节数目的迭代. 每个情节都由 (重设倒立摆环境后开始的) 一系列行动直到代理失败 (或达到 500 步) 为止的步骤组成. 每个循环步骤所做的主要事情为:

1. 首先使用 DDPG 的函数 get_action 和当前状态 state 得到行动值, 然后再通过代码 noise.get_action 对该行动添加 Ornstein-Uhlenbeck 噪声, 得到行动 (action), 这个行动通过 env.step 得到新状态、奖励和是否结束的信息, 并且把这些信息存入

缓存回放数据集中 (memory).

2. 如果缓存回放数据集有足够 (至少一个批次) 的数据就可以用 DDPG 的函数 update 来更新相应深度神经网络的系数了.

3. 如果该情节结束, 打印一些信息, 如果没有到预期的情节数目, 开始下一个情节.

4. 最后把每个情节的奖励记录下来.

下面的代码产生了各个情节的奖励及 10 个奖励的移动平均图 (参见图 3.4.5).

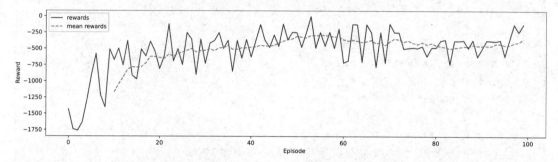

图 3.4.5 例 1.6 的 DDPG 实现的诸情节奖励图 (实线) 及 10 次奖励的移动平均 (虚线)

```python
x=np.arange(len(rewards))
plt.figure(figsize=(16,4))
plt.plot(x,rewards, label='rewards')
plt.plot(x[10:],avg_rewards[10:],linestyle='--', label='mean rewards')
plt.legend()
plt.xlabel('Episode')
plt.ylabel('Reward')
plt.savefig("D799.pdf",bbox_inches='tight',pad_inches=0)
```

下面是一个生成 Ornstein-Uhlenbeck 噪声过程 (OU 过程) 的代码[6]. 也可以使用程序包 sdepy 中现成的函数 ornstein_uhlenbeck_process.

```python
class OUNoise(object):
    def __init__(self, action_space, mu=0.0, theta=0.15, max_sigma=0.3, min_sigma=0.3,
                 decay_period=100000):
        self.mu           = mu
        self.theta        = theta
        self.sigma        = max_sigma
        self.max_sigma    = max_sigma
        self.min_sigma    = min_sigma
        self.decay_period = decay_period
        self.action_dim   = action_space.shape[0]
        self.low          = action_space.low
        self.high         = action_space.high
        self.reset()

    def reset(self):
```

[6]该代码来自网页 https://github.com/vitchyr/rlkit/blob/master/rlkit/exploration_strategies/ou_strategy.py.

```
        self.state = np.ones(self.action_dim) * self.mu

    def evolve_state(self):
        x  = self.state
        dx = self.theta * (self.mu - x) + self.sigma * np.random.randn(self.action_dim)
        self.state = x + dx
        return self.state

    def get_action(self, action, t=0):
        ou_state = self.evolve_state()
        self.sigma = self.max_sigma - (self.max_sigma - self.min_sigma) * \
        min(1.0, t / self.decay_period)
        return np.clip(action + ou_state, self.low, self.high)
```

3.4.7　例 1.5 推车杆问题: ES

首先载入必要的程序包和包含若干函数的神经网络:

```
import gym
import numpy as np
import torch
from collections import deque

class ES(torch.nn.Module):
    torch.manual_seed(44); np.random.seed(1010)
    def __init__(self, inputs=4, hidden=256, outputs=2, target=485, pop_size=7):
        super().__init__()
        self.linear1 = torch.nn.Linear(inputs, hidden)
        self.linear2 = torch.nn.Linear(hidden, outputs)
        self.pop_size = pop_size # 种群个数
        self.Alpha = 0.0001 # 学习率
        self.counter = 0
        self.sigma = 0.1     # 调节参数(最终和学习率挂钩)
        self.eps_rewards = [] #记录每个情节的奖励
        self.eps_max_R = deque(maxlen = 100) #存储每个情节最高奖励
        self.Weights = [] # 主网络权重载体(后面修正存此),下面装入:
        for param in self.parameters():
            self.Weights.append(param.data)
        self.target = target # 目标
        self.families() # 通过后面函数创建种群参数(随机)

    def forward(self, x): #直接前向传播+relu
        x = torch.relu(self.linear1(x))
        return self.linear2(x)

    def families(self): # 创造种群的随机参数
        # 每个和主网络参数一样维度([[256,4], [256], [2,256],[2]])
        self.Pop_W = {}
        for _ in range(self.pop_size):
            x = []
            for param in self.parameters():
                x.append(np.random.randn(*param.data.size())) #不同成员随机数不同
```

```
                self.Pop_W[_]=(x)

    def evolve(self): #进化
        f = lambda a : (a - np.mean(a))/np.std(a)
        scaled_r=f(self.eps_rewards)
        for index, param in enumerate(self.parameters()):
            Pw = np.array([self.Pop_W[key][index] for key in self.Pop_W])
            rewards_pop = torch.from_numpy(np.dot(Pw.T, scaled_r).T).float()
            param.data = self.Weights[index] + self.Alpha / \
            (self.pop_size * self.sigma) * rewards_pop
            self.Weights[index] = param.data

        self.eps_max_R.append(np.max(self.eps_rewards))
        self.Alpha = (self.Alpha + (self.target - np.mean(self.eps_max_R))*1e-6)*25/30
        self.sigma = self.Alpha * 10

    def update(self, reward):
        self.eps_rewards.append(reward)
        if len(self.eps_rewards) >= self.pop_size:
            self.counter = 0
            if np.std(self.eps_rewards) != 0:
                self.evolve()
            self.families() # 重新初始化种群
            self.eps_rewards = []
        for i, param in enumerate(self.parameters()):
            noise = torch.from_numpy(self.sigma * self.Pop_W[self.counter][i]).float()
            param.data = self.Weights[i] + noise
        self.counter += 1
```

ES 代码解释

1. 上面定义的 class 是 torch 神经网络的子类, 同时包含了 ES 方法需要的很大一部分函数. 前面的神经网络只有一个隐藏层 (加激活函数 ReLU). 各层的节点数为 4 (输入的状态维度)、256 (中间层节点数) 及 2 (输出的相应于两个行动的价值). 还包括一些参数, 比如学习率 α (self.Alpha) 及调节参数 σ 等.

2. 函数 families 创造若干种群, 每个具有和主网络权重参数相同的维度, 几个种群的权重随机生成.

3. 函数 evolve 是函数 update 引用的, 而且仅仅当收集的奖励个数等于种群数目而且不全相等时才执行 evolve. 其要点为:

(1) 首先把输入的 (7 个) 种群情节奖励标准化.

(2) 语句 index, param in enumerate(self.parameters()) 的 index (取整数 0, 1, 2, 3) 为权重 4 个数组指标 (维度: [256,4], [256], [2,256],[2]). 每个数组则为相应的主网络权重 (param).

(3) Pw 是种群 (我们的代码有 7 个) 的相应的 (随机) 权重, Pw 的转置 (Pw.T) 相应于每个 index 的维度分别为上面 4 个维度增加一个 7 (当然是转置了, 如 (4,256,7), (256,7), (256,2,7), (2,7) 等).

(4) 每个 index, rewards_pop 为 Pw 转置点乘标准化的 scaled_r (维度为 (7,1))

然后再转置.

(5) 最终主网络权重 (self.Weights) 为原先的权重加上 rewards_pop 乘一个因子, 该因子是一些参数形成的 ($\alpha/7\sigma$).

(6) 后面是参数 α 和 σ(辅助参数 σ 的初始值用了一次之后就随着 α 改变) 根据目标值及奖励值的调整.

4. 函数 update 是主要的更新函数, 每个情节更新一次, 输入值为每个情节的奖励值. 该函数要点如下:

(1) 每一个情节在 list self.eps_rewards 中增加一个情节奖励值.

(2) 如果上面收集的奖励个数大于或等于种群数目, 则执行 evolve 函数通过奖励和各个种群更新主网络. 之后使用函数 families 重新初始各个种群.

(3) 使用种群 σ 比例的权重作为噪声加到主网络权重上.

主要训练函数

```
def Train(env = gym.make('CartPole-v1'),model = ES(),steps = 500,
        episodes = 30000,flag=40):
    state = env.reset()
    env.seed(1)
    ave_reward = deque(maxlen=100)
    Reward=[]
    for episode in range(episodes):
        episode_reward = 0
        state = env.reset()
        for s in range(steps):
            action=torch.argmax(model.forward(torch.FloatTensor(state)))
            state, reward, done, _ = env.step(int(action))
            episode_reward += reward
            if done:
                model.update(episode_reward)#1.w=扰动+权重,2.家族pw
                break
        Reward.append(episode_reward)
        ave_reward.append(episode_reward)

        if episode % (flag*2) == 0 and np.diff(Reward[-flag:]).sum()<0:
            model = ES()
        if episode % 100 == 0:
            print(f'episode={episode}, mean reward={np.mean(ave_reward)}'
                    ' L_R={round(model.Alpha,4)}')
        if np.mean(ave_reward) >= env.spec.reward_threshold:
            print('Completed at episode: ', episode)
            break
    return Reward
```

函数 Train 的要点为:

1. 设定环境及初始状态.
2. 选定网络 ES.
3. 对每个情节的每一步通过网络前向传播得到 (使得输出最大的) 行动值, 然后采取行动以获得新的状态、奖励并判断是否终结, 并且记录下奖励.
4. 在每个情节终结时, 使用 ES 函数 update 来更新网络权重和参数.
5. 如果情节进行足够多时 (2*flag 次), 则查看各情节奖励数列一步差分之和是大于 0 还是小于 0, 如果小于 0, 说明奖励下降, 需重新启动网络,
6. 最终, 如果某个情节的平均奖励大于某阈值, 则终止程序.

执行下面的代码, 生成的图参见图3.4.6.

```
torch.manual_seed(2222);np.random.seed(2222)

Reward=Train()
plt.figure(figsize=(16,4))
plt.plot(Reward)
plt.xlabel('episode')
plt.ylabel('reward')
plt.savefig("ESplot04.pdf",bbox_inches='tight',pad_inches=0)
```

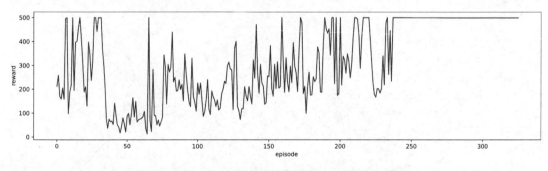

图 3.4.6　例 1.5 的 ES 方法的各个情节奖励图

3.4.8　例 1.5 推车杆问题: PPO-Clip

下面是输入必要的程序包的代码和产生二叉神经网络的 class 代码:

```
import torch
import gym
import torch.optim as optim
import torch.nn as nn
import matplotlib.pyplot as plt
import pandas as pd
import numpy as np

class MlpPolicy(nn.Module):
    def __init__(self, action_size, input_size=4):
```

```
        super(MlpPolicy, self).__init__()
        self.action_size = action_size
        self.input_size = input_size
        self.fc1 = nn.Linear(self.input_size, 24)
        self.fc2 = nn.Linear(24, 24)
        self.fc3_pi = nn.Linear(24, self.action_size)
        self.fc3_v = nn.Linear(24, 1)
        self.tanh = nn.Tanh()
        self.relu = nn.ReLU()
        self.softmax = nn.Softmax(dim=-1)

    def pi(self, x):
        x = self.relu(self.fc1(x))
        x = self.relu(self.fc2(x))
        x = self.fc3_pi(x)
        return self.softmax(x)

    def v(self, x):
        x = self.relu(self.fc1(x))
        x = self.relu(self.fc2(x))
        x = self.fc3_v(x)
        return x
```

该网络有两个出口, 一个输出策略 (.pi), 另一个输出价值 (.v). 输入都是四维的状态. 对于例 1.5, 该网络的结构为:

```
MlpPolicy(
  (fc1): Linear(in_features=4, out_features=24, bias=True)
  (fc2): Linear(in_features=24, out_features=24, bias=True)
  (fc3_pi): Linear(in_features=24, out_features=2, bias=True)
  (fc3_v): Linear(in_features=24, out_features=1, bias=True)
  (tanh): Tanh()
  (relu): ReLU()
  (softmax): Softmax(dim=-1)
)
```

下面的代码为在 class PPO_CP 中引用的可选择打印函数 (可以单独使用, 也可以根据选项在主要训练中选择性画图):

```
def plot_graph(Rewards, Mean_R):
    x=np.arange(len(Rewards))
    plt.figure(figsize=(16,4))
    plt.plot(x,Rewards, c='k',label='rewards')
    plt.plot(x[10:],Mean_R[10:],linestyle='--', c='b',label='mean rewards')
```

```
    plt.legend()
    plt.xlabel('Episode')
    plt.ylabel('Reward')
```

为例 1.5 计算服务的 class PPO_CP 代码为:

```
class PPO_CP:
    def __init__(self, gamma=0.99, update_freq=1, k_epoch=3, plot_every=10,
                 learning_rate=0.02, Lambda=0.95, eps_clip=0.2, v_coef=1,
                 entropy_coef=0.01, buffer_size=5000, Plot=False):
        self.gamma=gamma  # 折扣率
        self.plot_every=plot_every  # 运行中点图的间隔
        self.Plot=Plot  # 运行中是否点图
        self.update_freq=update_freq  # 更新频率
        self.k_epoch=k_epoch  # 更新时运行update_network()的次数
        self.learning_rate=learning_rate  # 学习率
        self.Lambda=Lambda  # 估计优势时的更新率
        self.eps_clip=eps_clip  # 剪切时的epsilon
        self.v_coef=v_coef  # 计算损失时的因子系数(这里取1没有作用)
        self.entropy_coef=entropy_coef  # 熵系数
        self.buffer_size=buffer_size  # 缓存回放数据集的大小

        self.env = gym.make('CartPole-v1')  # 推车杆游戏
        # 下面是对深度学习网络结构(包括优化及损失等)选项的设定
        self.action_size = self.env.action_space.n
        self.policy_net = MlpPolicy(action_size=self.action_size)
        self.optimizer = optim.Adam(self.policy_net.parameters(),
                                    lr=self.learning_rate)
        self.scheduler = optim.lr_scheduler.StepLR(self.optimizer,
                                                   step_size=self.k_epoch,
                                                   gamma=0.999)

        self.loss = 0
        self.criterion = nn.MSELoss()

        # 建立缓存回放数据集(dict)
        self.M_Key=['state', 'action', 'reward', 'next_state',
                    'action_prob', 'done', 'advantage', 'td_target', 'count']
        self.buffer = {'state': [], 'action': [], 'reward': [], 'next_state': [],
                       'action_prob': [], 'done': [], 'count': 0,
                       'advantage': [], 'td_target': torch.FloatTensor([])}

    def train(self):
        episode = 0
        step = 0
        Rewards = []
        Mean_R = []
        solved = False

        # 开始情节(设为至少100个且无上限)
        while not solved:
            start_step = step
            episode += 1
```

```
        episode_length = 0

        # 初始状态并获得第一次行动结果
        self.env.reset()
        action = self.env.action_space.sample()
        state, reward, done, _ = self.env.step(action)
        current_state = state
        total_episode_reward = 1

        # 每一个情节的过程(最多500步)
        while not solved:
            step += 1
            episode_length += 1

            # Choose action
            prob_a = self.policy_net.pi(torch.FloatTensor(current_state))
            # print(prob_a)
            action = torch.distributions.Categorical(prob_a).sample().item()

            # 采取行动
            state, reward, done, _ = self.env.step(action)
            new_state = state

            reward = -1 if done else reward

            # 把这一步的各种信息存入缓存回放数据集
            t_data=[current_state, [action], [reward/10.0], new_state,
                    prob_a[action].item(), [1-done]]
            if self.buffer['count'] < self.buffer_size:
                self.buffer['count'] += 1
            else:
                for key in self.M_Key[:-1]:
                    self.buffer[key]=self.buffer[key][1:]
            for k,key in enumerate(self.M_Key[:6]):
                self.buffer[key].append(t_data[k])

            current_state = new_state
            total_episode_reward += reward

            # 情节结束时保存各种记录并实施函数finish_path
            if done:
                episode_length = step - start_step
                Rewards.append(total_episode_reward)
                Mean_R.append(sum(Rewards[-10:])/10.0)

                self.finish_path(episode_length)

                if len(Rewards) > 100 and sum(Rewards[-100:-1]) / 100 >= 450:
                    solved = True

                print('episode: %.2f, total step: %.2f, last_episode length: %.2f,'
                      ' last_episode_reward: %.2f, loss: %.4f, lr: %.4f' %
```

```
                              (episode, step, episode_length, total_episode_reward,
                     self.loss, self.scheduler.get_last_lr()[0]))

                    self.env.reset()

                    break

            if episode % self.update_freq == 0:
                for _ in range(self.k_epoch):
                    self.update_network()
            if self.Plot and episode % self.plot_every == 0:
                plot_graph(Rewards, Mean_R)

        self.env.close()
        return Rewards,Mean_R


    def update_network(self):
        # get ratio
        pi = self.policy_net.pi(torch.FloatTensor(self.buffer['state']))
        new_probs_a = torch.gather(pi, 1, torch.tensor(self.buffer['action']))
        old_probs_a = torch.FloatTensor(self.buffer['action_prob'])
        ratio = torch.exp(torch.log(new_probs_a) - torch.log(old_probs_a))

        # 替代损失(surrogate loss)
        surr1 = ratio * torch.FloatTensor(self.buffer['advantage'])
        surr2 = torch.clamp(ratio, 1 - self.eps_clip,
                       1+self.eps_clip)*torch.FloatTensor(self.buffer['advantage'])
        pred_v = self.policy_net.v(torch.FloatTensor(self.buffer['state']))
        v_loss = 0.5 * (pred_v - self.buffer['td_target']).pow(2)   # Huber loss
        entropy = torch.distributions.Categorical(pi).entropy()
        entropy = torch.tensor([[e] for e in entropy])
        self.loss = (-torch.min(surr1, surr2)+self.v_coef*v_loss-self.entropy_coef*
                    entropy).mean()

        self.optimizer.zero_grad()
        self.loss.backward()
        self.optimizer.step()
        self.scheduler.step()


    def finish_path(self, length):
        state = self.buffer['state'][-length:]
        reward = self.buffer['reward'][-length:]
        next_state = self.buffer['next_state'][-length:]
        done = self.buffer['done'][-length:]

        td_target = torch.FloatTensor(reward) + \
                    self.gamma * self.policy_net.v(torch.FloatTensor(next_state)) * \
                    torch.FloatTensor(done)
        delta = td_target - self.policy_net.v(torch.FloatTensor(state))
        delta = delta.detach().numpy()
```

```
# 计算优势
advantages = []
adv = 0.0
for d in delta[::-1]:
    adv = self.gamma * self.Lambda * adv + d[0]
    advantages.append([adv])
advantages.reverse()

if self.buffer['td_target'].shape == torch.Size([1, 0]):
    self.buffer['td_target'] = td_target.data
else:
    self.buffer['td_target'] = torch.cat((self.buffer['td_target'],
                                          td_target.data), dim=0)
self.buffer['advantage'] += advantages
```

上面 class `PPO_CP` 代码的要点:

1. `PPO_CP` 在一开始设定了各种初始值, 包括 (这里省去 `self.`):
   - 环境 (`env`).
   - **Torch** 深度学习网络 (`policy_net`) 以及优化方法 (`optimizer`)、网络学习率控制 (`scheduler`)、损失函数 (`criterion`).
   - 缓存回放数据集 (`buffer`).

2. 主要的函数 `train` 并没有设定情节 (每个情节结束为推车杆倒下或达到 500 次行动) 的个数 (至少 100 个情节) 上限, 而是用每 100 次奖励的平均值达到某水准 (程序中取的是 450) 作为停止的标准. 在得到初始值之后, 每个情节中的每一步具体运作如下:
   (1) 通过 `policy_net.pi` 从神经网络获得两个行动的概率 (`prob_a`).
   (2) 根据概率 `prob_a`, 从分类分布 (`distributions.Categorical`) 中抽取样本, 得到行动 (`action`), 由于我们只有两个行动, 因此是 **Bernoulli** 分布抽样.
   (3) 采取所得到的行动得到一系列信息: 目前状态、行动、奖励、新状态、目前行动的概率、是否结束等, 并且把这些信息存入缓存回放数据集 (`buffer`).
   (4) 情节结束时保存奖励、移动平均奖励、该情节的长度 (这些记录本身和运算无关, 仅为使用者保存)、各种记录并通过打印显示于屏幕. 之后实施函数 `finish_path`. 如果达到训练标准则停止进行更多的情节, 否则准备下一个情节.

3. 每个情节结束之后函数 `finish_path` 做如下的事情:
   (1) 把这个情节的信息从缓存回放数据集中提取出来, 计算目标值 ($r + \gamma v(s')$).
   (2) 计算 TD 值 $\delta = r + \gamma v(s') - v(s)$. 这里的 V 价值是通过神经网络 (`policy_net.v`) 计算的. 所有这些量都是向量 (维数为相应情节长度).
   (3) 然后利用 TD 值计算优势 (`advantages`), 参见式 (3.3.5).
   (4) 最后存储 TD 值及优势到缓存回放数据集中.

4. 在每若干次 (这里设的是一次, 即 `update_freq=1`) 情节之后对网络做几次 (这里设的是 3 次, 即 `k_epoch=3`) 更新, 更新的函数 `update_network` 利用缓存回放数据集 (`buffer`) 的全部 (400 个) 观测值来计算, 该函数的要点是:
   (1) 一开始的几行代码从缓存回放数据集中的 400×4 状态 `buffer['state']` 集合

利用网络得到两个行动 (维度 400×2) 的概率 (pi); 再利用函数 `torch.gather`[7]
从 400×2 的概率 pi 中挑出每个观测值中最大的 (400 个) 概率值组成的向量
`new_probs_a` 作为 (贪婪的) (维度为 400×1) 新行动概率; 把已存的行动概率
(`buffer['action_prob']`) 作为旧的行动概率 (记为 `old_probs_a`); 最后求
出它们的比例 ($\pi_\theta(a|s)/\pi_{\theta_k}(a|s)$) 的对数, 记为 `ratio` ($400 \times 400$ 矩阵).

(2) `surr1` 和 `surr2` 分别代表式 (3.3.17) 中 min 后面括号中的两项.

(3) 根据神经网络计算的预测 V 价值 `pred_v` 和 `buffer['td_target']`, 即缓存回
放数据集中存储的目标值, 一起形成了式 (3.3.19) 中的 V 价值损失, 记为 `v_loss`.
而 `entropy` (熵) 实际上是梯度.

(4) `self.loss` 集合了式 (3.3.18)、式 (3.3.19) 以及梯度作为损失函数, 并通过后向传
播语句 `loss.backward()` 为优化网络服务.

(5) 该函数最后几行为深度学习网络反向传播做优化更新估计的网络参数所需的.

实现这个模型的主要执行代码为:

```
torch.manual_seed(222);np.random.seed(777)
agent = PPO_CP()
Rewards,Mean_R=agent.train()
plot_graph(Rewards, Mean_R)
plt.savefig("PPO7701.pdf",bbox_inches='tight',pad_inches=0)
```

生成的情节奖励图参见图 3.4.7. 注意: 在重复执行时, 多数时候会收敛, 但快慢不一定 (从
100 多个到 1000 多个情节不等).

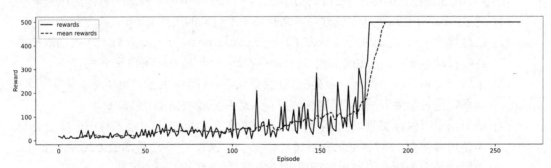

图 3.4.7　例 1.5 的 **PPO-Clip** 的各情节的奖励 (实线) 及移动平均奖励 (虚线)

3.4.9　例 1.6 倒立摆问题: SAC

首先输入必要的程序包:

```
import gym
import torch
import torch.nn as nn
import torch.nn.functional as F
import torch.optim as optim
```

---

[7]参见关于该函数的官网 https://pytorch.org/docs/stable/generated/torch.gather.html.

```
from torch.distributions import Normal
import numpy as np
import collections, random
```

下面输入缓存回放数据集的 class:

```
class ReplayBuffer():
    def __init__(self,buffer_limit=50000):
        self.buffer = collections.deque(maxlen=buffer_limit)

    def put(self, transition):
        self.buffer.append(transition)

    def sample(self, n):
        mini_batch = random.sample(self.buffer, n)
        s_lst, a_lst, r_lst, s_prime_lst, done_mask_lst = [], [], [], [], []

        for transition in mini_batch:
            s, a, r, s_prime, done = transition
            s_lst.append(s)
            a_lst.append([a])
            r_lst.append([r])
            s_prime_lst.append(s_prime)
            done_mask = 0.0 if done else 1.0
            done_mask_lst.append([done_mask])

        return torch.tensor(s_lst, dtype=torch.float), \
                torch.tensor(a_lst, dtype=torch.float), \
                torch.tensor(r_lst, dtype=torch.float), \
                torch.tensor(s_prime_lst, dtype=torch.float), \
                torch.tensor(done_mask_lst, dtype=torch.float)

    def size(self):
        return len(self.buffer)
```

下面定义了两种网络, 最终会建立两个 Q 网络 (若包括它们的目标网络则有 4 个) 以及一个策略网络:

```
class PolicyNet(nn.Module):
    def __init__(self, learning_rate,init_alpha=0.01, lr_alpha=0.001):
        super(PolicyNet, self).__init__()
        self.fc1 = nn.Linear(3, 128)
        self.fc_mu = nn.Linear(128,1)
        self.fc_std  = nn.Linear(128,1)
        self.optimizer = optim.Adam(self.parameters(), lr=learning_rate)

        self.log_alpha = torch.tensor(np.log(init_alpha))
        self.log_alpha.requires_grad = True
        self.log_alpha_optimizer = optim.Adam([self.log_alpha], lr=lr_alpha)

    def forward(self, x):
```

```
            x = F.relu(self.fc1(x))
            mu = self.fc_mu(x)
            std = F.softplus(self.fc_std(x))
            dist = Normal(mu, std)
            action = dist.rsample()
            log_prob = dist.log_prob(action)
            real_action = torch.tanh(action)
            real_log_prob = log_prob - torch.log(1-torch.tanh(action).pow(2) + 1e-7)
            return real_action, real_log_prob

    def train_net(self, q1, q2, mini_batch, target_entropy = -1.0 ):
            s, _, _, _, _ = mini_batch
            a, log_prob = self.forward(s)
            entropy = -self.log_alpha.exp() * log_prob

            q1_val, q2_val = q1(s,a), q2(s,a)
            q1_q2 = torch.cat([q1_val, q2_val], dim=1)
            min_q = torch.min(q1_q2, 1, keepdim=True)[0]

            loss = -min_q - entropy # for gradient ascent
            self.optimizer.zero_grad()
            loss.mean().backward()
            self.optimizer.step()

            self.log_alpha_optimizer.zero_grad()
            alpha_loss = -(self.log_alpha.exp()*(log_prob+target_entropy).detach()).mean()
            alpha_loss.backward()
            self.log_alpha_optimizer.step()

class QNet(nn.Module):
    def __init__(self, learning_rate):
        super(QNet, self).__init__()
        self.fc_s = nn.Linear(3, 64)
        self.fc_a = nn.Linear(1,64)
        self.fc_cat = nn.Linear(128,32)
        self.fc_out = nn.Linear(32,1)
        self.optimizer = optim.Adam(self.parameters(), lr=learning_rate)

    def forward(self, x, a):
        h1 = F.relu(self.fc_s(x))
        h2 = F.relu(self.fc_a(a))
        cat = torch.cat([h1,h2], dim=1)
        q = F.relu(self.fc_cat(cat))
        q = self.fc_out(q)
        return q

    def train_net(self, target, mini_batch):
        s, a, r, s_prime, done = mini_batch
        loss = F.smooth_l1_loss(self.forward(s, a) , target)
        self.optimizer.zero_grad()
        loss.mean().backward()
        self.optimizer.step()
```

```
def soft_update(self, net_target, tau = 0.01):
    for param_target, param in zip(net_target.parameters(), self.parameters()):
        param_target.data.copy_(param_target.data * (1.0 - tau) + param.data * tau)
```

这两种网络的结构为:

```
PolicyNet(
  (fc1): Linear(in_features=3, out_features=128, bias=True)
  (fc_mu): Linear(in_features=128, out_features=1, bias=True)
  (fc_std): Linear(in_features=128, out_features=1, bias=True)
)
QNet(
  (fc_s): Linear(in_features=3, out_features=64, bias=True)
  (fc_a): Linear(in_features=1, out_features=64, bias=True)
  (fc_cat): Linear(in_features=128, out_features=32, bias=True)
  (fc_out): Linear(in_features=32, out_features=1, bias=True)
)
```

关于上面两个网络的说明:

1. PolicyNet (记其参数为 ϕ): 这个网络有一个输入层 (三个状态)、一个隐藏层及包含两个节点的输出层. 它生成了一个正态概率分布 $N(\mu_\phi, \sigma_\phi)$. 记 s 为输入, 网络输出的实际计算过程 (前向传播) 为:

$$\left.\begin{array}{l} \mu_\phi(s) = s, \\ \sigma_\phi(s) = \log(1 + \exp(s)) \end{array}\right\} \Longrightarrow a \sim \mathcal{D} = N(\mu, \sigma) \equiv \pi_\phi(a|s) \in \Pi$$

$$\Longrightarrow \begin{cases} \tanh(a) & \text{(real\_action)}; \\ \log \pi_\phi(a|s) - \log(1 - \tanh^2(a) + 10^{-7}) & \text{(real\_log\_prob)}. \end{cases}$$

输出的为 real_action 及 real_log_prob, 代表理论中的 a (行动)[8]和 $\log \pi_\phi(a|s)$, 但为了计算方便, 数学公式和实际代码不一定严格吻合, 比如用 tanh 实际上改变了参数及值域, 而标准差使用对数和指数组合可保证其为非负数.

2. PolicyNet.train_net 描述了 PolicyNet 网络的训练, 该训练是基于从缓存回放数据集中抽取的样本来训练, 而且要利用两个 Q 网络, 要点是:

(1) 从批次样本仅取出状态 s, 并且通过 PolicyNet 计算 a 和 $\log \pi_\phi(a|s)$, 同时计算熵 $-\alpha(\log \pi_\phi(a|s))$ (entropy).

(2) 通过两个 Q 网络, 输入 s 和 a 得到两个 Q 值向量, 并从此导出最小 Q 值向量 (min_q), 以其与熵的和的负值 -min_q - entropy 作为损失 (loss), 为梯度递增法优化做准备. 实际上是用其均值 (对应于期望) 做后向传播.

(3) 公式中的 α 实际上是用 $\exp[\log(\alpha)]$ 来表示的, 训练中要更新的参数是 $\log(\alpha)$ (代码中为 log_alpha). 损失函数为 $-\alpha[\log \pi_\phi(a|s) + H]$ 的均值, 这里的 H 是目标熵值 (这里默认等于 1).

---

[8]以严格的符号, 可记为 $\tilde{a}_\phi = \tanh(\mu_\phi(s) + \sigma_\phi(s) \odot \xi)$, $\xi \sim N(0, I)$.

3. QNet (依此建立两个 Q 网络, 参数可记为 θ_i ($i = 1, 2$), 及两个相应的目标网络, 参数可记为 ψ_i ($i = 1, 2$)): 该网络有一个输入层, 输入三维的状态 s 及一维的行动 a, 有一个隐藏层和输出 Q 值的输出层, 使用了 ReLU 激活函数. 该网络具体通过 `calc_target` 函数 (看下面对该函数的说明) 使用.

4. `QNet.train_net` 描述了 QNet 网络的训练, 该训练是基于从缓存回放数据集中抽取的批次样本, 目标 (target) 是函数 `calc_target` 从两个相应的目标网络计算的 Q 值 (在主程序中称为 td_target), 该训练的要点是:

   (1) 从批次样本中提取出 s, a, r, s' 和是否终结 (done).

   (2) 利用比较 QNet 网络根据 (s, a) 输出的 Q 值和目标 Q 值构造 (某种可在不合适时自动调整的)L1 损失函数 (`torch.F.smooth_l1_loss`), 并利用该损失函数在后向传播时优化网络参数.

计算目标 Q 值的函数的代码为:

```python
def calc_target(pi, q1, q2, mini_batch, gamma=0.98):
    s, a, r, s_prime, done = mini_batch

    with torch.no_grad():
        a_prime, log_prob= pi(s_prime)
        entropy = -pi.log_alpha.exp() * log_prob
        q1_val, q2_val = q1(s_prime,a_prime), q2(s_prime,a_prime)
        q1_q2 = torch.cat([q1_val, q2_val], dim=1)
        min_q = torch.min(q1_q2, 1, keepdim=True)[0]
        target = r + gamma * done * (min_q + entropy)

    return target
```

函数 `calc_target` 输入的数据来自缓存回放数据集抽取数据的批次 (使用两个 Q 值网络及策略网络), 包括状态 (s)、奖励 (r)、行动 (a)、下一个状态 (s') 及情节是否终结 (done). 该函数计算:

1. 在策略网络输入 s', 输出 a' 和 $\log \pi_\phi(a'|s')$.

2. 计算熵 $\alpha H(\pi_\phi(\cdot|s')) = -\alpha \log \pi_\phi(a'|s')$ (entropy). 注意, 这里的 α 与各种网络参数 ϕ 类似, 都是随着深度学习不断更新的参数 (或权重) 之一.

3. 从两个 Q 网络得到的 Q 值向量放到一起成为 (批次数 $\times 2$ 的) 矩阵 (q1_q2), 然后得到上述矩阵的最小元素 (批次数 $\times 1$ 的) 向量 min_q.

4. 输出目标值 $r + \gamma(r(s', a') + \alpha H(\pi(\cdot|s')))$ (在函数内称为 target, 在主函数中称为 td_target) (参见式 (3.3.20)).

下面为 SAC 的主要训练函数和打印程序的代码:

```python
def SAC_Train(Episods=500,batch_size=32,lr_pi=0.0005, lr_q=0.001):
    env = gym.make('Pendulum-v1')
    memory = ReplayBuffer()
    q1, q2, q1_target, q2_target = QNet(lr_q), QNet(lr_q), QNet(lr_q), QNet(lr_q)
    pi = PolicyNet(lr_pi)
```

```
    q1_target.load_state_dict(q1.state_dict())
    q2_target.load_state_dict(q2.state_dict())

    score = 0.0
    print_interval = 20

    Scores=[]
    for n_epi in range(Episods):
        s = env.reset()
        done = False

        while not done:
            a, log_prob= pi(torch.from_numpy(s).float())
            s_prime, r, done, info = env.step([2.0*a.item()])
            memory.put((s, a.item(), r/10.0, s_prime, done))
            score +=r
            s = s_prime
        Scores.append(score)
        if memory.size()>1000:
            for i in range(20):
                mini_batch = memory.sample(batch_size)
                td_target = calc_target(pi, q1_target, q2_target, mini_batch)
                q1.train_net(td_target, mini_batch)
                q2.train_net(td_target, mini_batch)
                pi.train_net(q1, q2, mini_batch)
                q1.soft_update(q1_target)
                q2.soft_update(q2_target)

        if n_epi%print_interval==0 and n_epi!=0:
            print("episode :{}, avg score : {:.1f}"
                " alpha:{:.4f}".format(n_epi,
                                    score/print_interval,pi.log_alpha.exp()))
            score = 0.0
    env.close()
    return Scores

def sacplot(Scores=Scores,m=20,save=False):
    x=np.arange(len(Scores))
    ave_scores=[]
    for i in range(len(Scores)-m):
        ave_scores.append(sum(Scores[i:(i+m)])/m)
    plt.figure(figsize=(16,4))
    plt.plot(x,Scores, c='k',label='rewards')
    plt.plot(x[m:],ave_scores,linestyle='--', c='b',label='mean rewards')
    plt.legend()
    plt.xlabel('Episode')
    plt.ylabel('Reward')
    if save:
        plt.savefig("Sac03.pdf",bbox_inches='tight',pad_inches=0)
```

上面 SAC 学习的训练程序 SAC_Train 的要点如下. 在计算之前, 需要做下面的准备:

1. 载入倒立摆问题的环境: env = gym.make('Pendulum-v1').

2. 命名缓存回放数据集: memory = ReplayBuffer().

3. 定义两个 Q 值网络和相应的目标网络: q1, q2, q1_target, q2_target, 它们有同样的结构 (利用 class QNet).

4. 定义策略网络 pi (利用 class PolicyNet).

5. 两个 Q 目标 (q1_target, q2_target) 网络和相应的 Q 网络有同样的简单 Python 字典对象 state_dict, 其目的是将每一层与它的对应参数建立映射关系, 包括网络的每一层的权重及偏置等等.

在每一个情节的每一步实施下面的任务:

1. 从策略网络根据输入 s 得到行动 a 和 $\log \pi_\phi(a|s)$.

2. 行动 a 在环境中生成 s', r 及是否终结此情节 (done).

3. 把 s, a, r, s' 及 done 存入缓存回放数据集 memory. 记录累积奖励并准备下一步, 直到 done=True 结束该情节.

在完成一个情节之后, 在下一个情节之前训练一下这几个深度学习网络:

1. 从缓存回放数据集中抽取一个批次样本.

2. 根据该批次样本 (mini_batch) 和策略网络及两个目标 Q 网络得到目标值 (这里的目标值记为 td_target). 维护两个 Q 网络的原因是解决高估 Q 值的问题, 并使用两者中的最小值 (参见函数 calc_target) 来进行两个 Q 网络的更新 (因此也影响策略和目标网络的更新).

3. 利用上面得到的目标值和批次数据, 通过 Q 网络的 train_net 函数对两个 Q 网络进行训练.

4. 利用上面更新后的两个 Q 网络和批次数据, 通过策略网络的 train_net 函数对策略网络进行训练.

5. 利用 Q 网络的 soft_update 函数使得目标 Q 网络的参数做原先目标网络和当前 Q 网络的加权平均, 权重比例为 $(1 - \tau) : \tau$, 即

$$\psi_i \leftarrow (1 - \tau)\psi_i + \tau\theta_i, \quad i = 1, 2.$$

也就是说, 如果 $\tau = 0.01$, 则每个参数每一次训练有原目标网络参数的 99% 和当前 Q 网络相应参数的 1% 相加 (有人称之为 Polyak 平均, 称 τ 为软 (soft) τ).

6. 最终把各种结果汇总记录.

运行函数 Train 并画出得分图 (参见图 3.4.8).

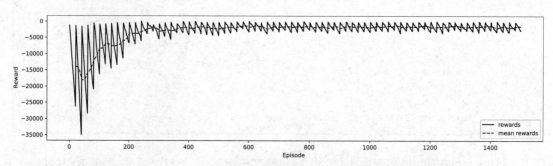

图 3.4.8　例 1.6 SAC 方法的得分 (实线) 及移动平均得分图 (虚线)

```
torch.manual_seed(222);np.random.seed(777)
Scores=SAC_Train(1500,batch_size=64)
sacplot(Scores, save=True)
```

第二部分

软件及一些数学知识

第 4 章　Python 基础

　　数据科学完全离不开计算机及各种做科学计算和数据分析的软件. 本书通过 Python 来实现数据分析的目标.

　　在本书中, 我们尽量对程序进行解释或在程序中加以注释, 但随着内容深入, 我们将会减少对代码的解释. 本书尽量使用简单易懂的编程方式, 这可能会降低一些效率, 相信读者会通过本书更好地掌握编程, 并写出远优于本书的程序.

　　警告: 所有的软件代码都必须用半角标点符号! 因此, 建议使用中文输入时也把设置中的全角改成半角. 笔者发现, 中国初学者最初的程序编码错误中, 有一半以上是因为输入了全角标点符号 (特别是逗号、引号、冒号、分号等), 发现这种错误不易 (系统有时连警告都不能给出), 完全依靠好的眼力和耐心.

　　此外, 任何具有生命力的软件都在不断发展, 不时推出新的版本及各种更新, 因此, 要做好软件和代码变动的思想准备, 学会有问题时在网上寻求解决办法或者帮助.

> 　　我们需要培养泛型编程能力, 而不只是学会一两个特殊软件的语言. 虽然我们在数据分析中需要各个软件所具有的各种特殊函数和功能, 但是, 衡量泛型编程能力的一个标准是: 能够用任何语言都具备的基本代码来实现你的每一个基础目标, 包括用自编代码实现各个软件中一些固有简单函数的功能.

4.1　引　言

　　一些人说 Python 比 R 好学, 而另一些人正相反, 觉得 R 更易掌握. 其实, 熟悉编程语言的人, 学哪一个都很快. 它们的区别大体如下. R 由统一的志愿者团队管理, 语法相对比较一致, 安装程序包很简单, 而且很容易找到帮助和支持, 但由于 R 主要用于数据分析, 所以一些对于统计不那么熟悉的人可能觉得对象太专业了. Python 则是一个通用软件, 比 C++ 易学, 功能并不差, 它的各种包装版本运行速度也非常快. 但是, Python 没有统一团队管理, 针对不同 Python 版本的模块非常多. 因此对于不同的计算机操作系统、不同版本的 Python、不同的模块, 安装过程多种多样, 使用者首先遇到的就是安装问题. 另外, R 的基本语言 (即下载 R 之后所装的基本程序包) 本身就可以应付相当复杂的统计运算, 而相比之下 Python 的传统统计模型不那么精致, 在做一些统计分析时不如 R 方便, 但由其基本语法所产生的成千上万的模块使得 Python 可以做几乎任何事情.

　　大数据时代的数据分析, 最重要的不是掌握一两种编程语言, 而是泛型编程能力, 有了这个能力, 语言的不同不会造成太多的烦恼.

　　由于 Python 是个应用广泛的通用软件, 这里只能介绍其中和数据分析有关的一点简单操作. 如果读者有疑问, 可以上网搜索答案.

下面通过运行各种语句来介绍简单的语法, 我们尽量不做更多的解释.

4.2 安 装

4.2.1 安装及开始体验

初学者可以使用 Anaconda 下载 Python Navigator [1], 以获得 Jupyter, RStudio, Visual Studio Code, IPython 和 Spyder 等软件界面, 可以选择你认为方便的方式运行 Python 程序. 使用 Anaconda 的好处是它包含了常用的模块 Numpy, Pandas, Matplotlib, 而且安装其他一些模块 (比如 Sklearn) 也比较方便.

这里未给出太多的安装细节, 因为这些随时都可能会变化, 相信读者能在网上找到各种线索、提示和帮助. 下面的介绍是基于 Anaconda 的 Notebook 运行 Python3 的实践.

4.2.2 运行 Notebook

安装完 Anaconda 之后, 就可以运行 Notebook 了. 可以点击 Anaconda 图标, 然后选中 Notebook 或其他运行界面, 也可以通过终端键入 `cd Python Work` 到达你的工作目录, 然后键入 `jupyter notebook` 在默认浏览器产生一个工作界面 (称为 "Home"). 如果你已经有文件, 则会有书本图标开头的列表, 你的文件名以 `.ipynb` 为扩展名. 如果没有现成的, 可创建新的文件, 点击右上角 `New` 并选择 `Python3`, 则产生一个没有名字的 (默认是 Untitled) 以 `.ipynb` 为扩展名的文件 (自动存在你的工作目录中的一页), 文件名可以随时任意更改.

当你的文件页中出现 `In [ ]:` 标记, 就可以在其右边的框中输入代码, 得到的结果会出现在代码 (代码所在的框称为 "Cell") 下面的地方. 一个 Cell 中可有一群代码, 可以在其上下增加 Cell, 也可以合并或拆分 Cell, 相信读者能很快掌握这些小技巧.

下面小程序计算 Catalan 数列[2], 先在一个 Cell 键入:

```
from math import comb # 从程序包math载入函数comb
def Catalan(n): # 定义函数
    """
    Catalan numbers C_n
    """
    Cn=[int(1/(x+1)*comb(2*x,x)) for x in range(n)]
    print(Cn)
Catalan(14) # 执行函数Catalan
```

(用 `Ctrl+Enter` 键) 得到下面的输出:

```
[1, 1, 2, 5, 14, 42, 132, 429, 1430, 4862, 16796, 58786, 208012, 742900]
```

该代码显示了下面几点 (更多的细节将会在后文介绍):

1. 载入某程序包的函数.

---

[1] https://www.anaconda.com/distribution/.
[2] Catalan 数列的第 n 个元素定义为 $C_n = \frac{1}{n+1}\binom{2n}{n}$.

2. 如何写函数: 在 def 后面给出函数名称及变元 (Catalan(n)), 然后在冒号之后的若干缩格行中定义函数.

3. 在 # 号后面及一对 """ 号之间的字符是注释, 不会参与运算.

4. 执行函数时, 只要引用函数名称和变元 (这里是序列长度) 即可.

在 Python 中, 也可以在一行输入几个简单 (不分行的) 命令, 用分号分隔. 要注意, Python 和 R 的代码一样是区分大小写的.

当前工作目录是在存取文件、输入输出模块时只敲入文件或模块名称而不用敲入路径的目录. 查看工作目录和改变工作目录的代码为:

```
import os
print(os.getcwd()) #查看目录
os.chdir('D:/Python work') #Windows系统中改变工作目录
os.chdir('/users/Python work') #OSx系统中改变工作目录
```

查看某个目录 (比如 /users/work/) 下的某种文件 (比如以 .csv 结尾的文件) 的路径名、文件名及大小, 可以用下面的语句:

```
import os
from os.path import join
for (dirname, dirs, files) in os.walk('/users/work/'):
    for filename in files:
        if filename.endswith('.csv') :
            thefile = os.path.join(dirname,filename)
            print(thefile,os.path.getsize(thefile))
```

4.3　基本模块的编程

熟悉 R 的人首先不习惯的可能是在 Python 中向量、矩阵、列表或其他多元素对象的下标是从 0 开始的, 请输入下面的代码并看输出:

```
y=[[1,2],[1,2,3],['ss','swa','stick']]
y[2],y[2][:2],y[1][1:]
```

从 0 开始的下标也有方便的地方, 比如下标 [:3] 是左闭右开的整数区间 0,1,2, 类似地, [3:7] 是 3,4,5,6, 这样, 以首尾相接的形式 [:3], [3:7], [7:10] 实际上覆盖了从 0 到 9 的所有下标; 而在 R 中, 这种下标应该写成 [1:2], [3:6], [7:9], 由于是闭区间, 中间的端点没有重合. 试运行下面的语句, 一些首尾相接的下标区间得到完整的下标群:

```
x='A poet can survive everything but a misprint.'
x[:10]+x[10:20]+x[20:30]+x[30:40]+x[40:]
```

关于 append, extend 和 pop:

```
x=[[1,2],[3,5,7],'Oscar Wilde']
y=['save','the world']
x.append(y);print(x)
x.extend(y);print(x)
x.pop();print(x)
x.pop(2);print(x)
```

关于整数和浮点运算:

```
print(2**0.5,2.0**(1/2),2**(1/2.))
print(4/3,4./3)
```

关于 remove 和 del:

```
x=[0,1,4,23]
x.remove(4);print(x)
del x[0];print(x, type(x))
```

关于 tuple:

```
x =(0,12,345,67,8,9,'we','they')
print(type(x),x[-4:-1])
```

关于 range 及一些打印格式:

```
x=range(2,11,2)
print('x={}, list(x)={}'.format(x,list(x)))
print('type of x is {}'.format(type(x)))
```

关于 dictionary (字典) 类型 (注意打印的次序与原来不一致):

```
data = {'age': 34, 'Children' : [1,2], 1: 'apple','zip': 'NA'}
print(type(data))
print('age=',data['age'])
data['age'] = '99'
data['name'] = 'abc'
print(data)
```

一些集合运算

```
x=set(['we','you','he','I','they']);y=set(['I','we','us'])
x.add('all');print(x,type(x),len(x))
set.add(x,'none');print(x)
print('set.difference(x,y)=', set.difference(x,y))
print('set.union(x,y)=',set.union(x,y))
```

```
print('set.intersection(x,y)=',set.intersection(x,y))
x.remove('none')
print('x=',x,'\n','y=', y)
```

用 id 函数来确定变量的存储位置 (是不是等同):

```
x=1;y=x;print(x,y,id(x),id(y))
x=2.0;print(x,y,id(x),id(y))
x = [1, 2, 3];y = x;y[0] = 10
print(x,y,id(x),id(y))
x = [1, 2, 3];y = x[:]
print(x,y,id(x)==id(y),id(x[0])==id(y[0]))
print(id(x[1])==id(y[1]),id(x[2])==id(y[2]))
```

函数的简单定义 (包括 lambda 函数) 及应用

```
def f(x): return x**2-x
g=lambda x: max(x**2,x**3)
print(list(map(lambda x: x**2+1-abs(x), [1.2,5.7,23.6,6])))
print(f(10),g(-3.4))
print(list(range(-10,10,2)),'\n',
        list(filter(lambda x: x>0,range(-10,10,2))))
```

一般函数的定义 (注意在 Python 中, 函数、类、条件和循环等语句后面有冒号 ":", 而随后的行要缩进, 首先要确定数目的若干空格 (和 R 中的花括号作用类似)):

```
from random import *
def RandomHappy():
    if randint(1,100)>50:
        x='happy'
    else:
        x='unhappy'
    if randint(1,100)>50:
        y='happy'
    else:
        y='unhappy'
    if x=='happy' and y=='happy':
        print('You both are happy')
    elif x!=y:
        print('One of you is happy')
    else:
        print('Both are unhappy')
RandomHappy() #执行函数
```

循环语句和条件语句

```
for line in open("UN.txt"):
    for word in line.split():
        if word.endswith('er'):
            print(word)
```

循环语句和条件语句的例子

```
# 例1
for line in open("UN.txt"):
    for word in line.split():
        if word.endswith('er'):
            print(word)
# 例2
with open('UN.txt') as f:
    lines=f.readlines()
lines[1:20]
# 例3
x='Just a word'
for i in  x:
    print(i)
# 例4
for i in  x.split():
    print(i,len(i))
# 例5
for i in [-1,4,2,27,-34]:
    if i>0 and i<15:
        print(i,i**2+i/.5)
    elif i<0 and abs(i)>5:
        print(abs(i))
    else:
        print(4.5**i)
```

关于 list 的例子

```
x = range(5)
y = []
for i in range(len(x)):
    if float(i/2)==i/2:
        y.append(x[i]**2)
print('y', y)
z=[x[i]**2 for i in range(len(x)) if float(i/2)==i/2]
print('z',z)
```

4.4　Numpy 模块

首先输入 Numpy 模块, 比如用 `import numpy`, 这样, 凡是该模块的命令 (比如 `array`) 都要加上 numpy 成为 `numpy.array`. 如果嫌字母太多, 则可以简写, 比如, 在输入 numpy 模块时敲入 `import numpy as np`. 这样, `numpy.array` 就成为 `np.array`.

数据文件的存取

```
import numpy as np
x = np.random.randn(25,5)
np.savetxt('tabs.txt',x)#存成制表符分隔的文件
np.savetxt('commas.csv',x,delimiter=',')#存成逗号分隔的文件(如csv)
u = np.loadtxt('commas.csv',delimiter=',')#读取逗号分隔的文件
v = np.loadtxt('tabs.txt')#读取制表符分隔的文件
```

矩阵和数组

```
import numpy as np
y = np.array([[[1,4,7],[2,5,8]],[[3,6,9],[10,100,1000]]])
print(y)
print(np.shape(y))
print(type(y),y.dtype)
print(y[1,0,0],y[0,1,:])
```

整型和浮点型数组 (向量) 的运算

```
import numpy as np
u = [0, 1, 2];v=[5,2,7]
u=np.array(u);v=np.array(v)
print(u.shape,v.shape)
print(u+v,u/v,np.dot(u,v))
u = [0.0, 1, 2];v=[5,2,7]
u=np.array(u);v=np.array(v)
print(u+v,u/v)
print(v/3, v/3.,v/float(3),(v-2.5)**2)
```

向量和矩阵的维数转换和矩阵乘法的运算

这里列出一些等价的做法, 请逐条执行和比较.

```
x=np.arange(3,5,.5)
y=np.arange(4)
print(x,y,x+y,x*y) #向量计算
print(x[:,np.newaxis].dot(y[np.newaxis,:]))
print(np.shape(x),np.shape(y))
print(np.shape(x[:,np.newaxis]),np.shape(y[np.newaxis,:]))
```

```
print(np.dot(x.reshape(4,1),y.reshape(1,4)))
x.shape=4,1;y.shape=1,4
print(x.dot(y))
print(np.dot(x,y))
print(np.dot(x.T,y.T), x.T.dot(y.T))#x.T是x的转置
print(x.reshape(2,2).dot(np.reshape(y,(2,2))))
x=[[2,3],[7,5]]
z = np.asmatrix(x)
print(z, type(z))
print(z.transpose() * z )
print(z.T*z== z.T.dot(z),z.transpose()*z==z.T*z)
print(np.ndim(z),z.shape)
```

分别按照列 (axis=0: 竖向) 或行 (axis=1: 横向) 合并矩阵, 和 R 的 rbind 及 cbind 类似.

```
x = np.array([[1.0,2.0],[3.0,4.0]])
y = np.array([[5.0,6.0],[7.0,8.0]])
z = np.concatenate((x,y),axis = 0)
z1 = np.concatenate((x,y),axis = 1)
print(z,"\n" ,z1,"\n",z.transpose()*z1)
z = np.vstack((x,y)) # Same as z = concatenate((x,y),axis = 0)
z1 = np.hstack((x,y))
print(z,"\n",z1)
```

数组的赋值

```
print(np.ones((2,2,3)),np.zeros((2,2,3)),np.empty((2,2,3)))
x=np.random.randn(20).reshape(2,2,5);print(x)
x=np.random.randn(20).reshape(4,5)
x[0,:]=np.pi
print(x)
x[0:2,0:2]=0
print(x)
x[:,4]=np.arange(4)
print(x)
x[1:3,2:4]=np.array([[1,2],[3,4]])
print(x)
```

行列序列的定义

这里np.c_[0:10:2] 是从 0 到 10, 间隔 2 的列 (c) 序列, 而np.r_[1:5:4j] 是从 1 到 5, 等间隔长度为 4 的行 (r) 序列.

```
print(np.c_[0:10:2],np.c_[0:10:2].shape)
print(np.c_[1:5:4j],np.c_[1:5:4j].shape)
print(np.r_[1:5:4j],np.r_[1:5:4j].shape)
```

网格及按照网格抽取数组(矩阵)的子数组

```
print(np.ogrid[0:3,0:2:.5],'\n',np.mgrid[0:3,0:2:.5])
print(np.ogrid[0:3:3j,0:2:5j],'\n',np.mgrid[0:3:3j,0:2:5j])
x = np.reshape(np.arange(25.0),(5,5))
print('x=\n',x)
print('np.ix_(np.arange(2,4),[0,1,2])=\n',np.ix_(np.arange(2,4),[0,1,2]))
print('ix_([2,3],[0,1,2])=\n',np.ix_([2,3],[0,1,2]))
print('x[np.ix_(np.arange(2,4),[0,1,2])]=\n',
x[np.ix_(np.arange(2,4),[0,1,2])]) # Rows 2 & 3, cols 0, 1 and 2
print('x[ix_([3,0],[1,4,2])]=\n', x[np.ix_([3,0],[1,4,2])])
print('x[2:4,:3]=\n',x[2:4,:3])# Same, standard slice
print('x[ix_([0,3],[0,1,4])]=\n',x[np.ix_([0,3],[0,1,4])])
```

舍入、加减乘除、差分、指数、对数等各种对向量和数组的数学运算

```
x = np.random.randn(3)
print('np.round(x,2)={},np.round(x, 4)={}'.format(np.round(x,2),np.round(x, 4)))
print('np.around(np.pi,4)=', np.around(np.pi,4))
print('np.around(x,3)=', np.around(x,3))

print('x.round(3)={},np.floor(x)={}'.format(x.round(3),np.floor(x)))
print('np.ceil(x)={}, np.sum(x)={},'.format(np.ceil(x), np.sum(x)))
print('np.cumsum(x)={},np.prod(x)={}'.format(np.cumsum(x),np.prod(x)))
print(',np.cumprod(x)={},np.diff(x)={}'.format(np.cumprod(x),np.diff(x)))

x= np.random.randn(3,4)
print('x={},np.diff(x)={}'.format( x,np.diff(x)))
print('np.diff(x,axis=0)=',np.diff(x,axis=0))
print('np.diff(x,axis=1)=',np.diff(x,axis=1))
print('np.diff(x,2,1)=', np.diff(x,2,1))
print('np.sign(x)={}, np.exp(x)={}'.format(np.sign(x),np.exp(x)))
print('np.log(np.abs(x))={},x.max()={}'.format(np.log(np.abs(x)),x.max()))
print(',x.max(1)={},,np.argmin(x,0)={}'.format(x.max(1),np.argmin(x,0)))
print('np.max(x,0)={},np.argmax(x,0)={}'.format(np.max(x,0),np.argmax(x,0)))
print('x.argmin(0)={},x[x.argmax(1)]={}'.format(x.argmin(0),x[:,x.argmax(1)]))
```

一些函数的操作

```
x = np.repeat(np.random.randn(3),(2))
print(x)
print(np.unique(x))
y,ind = (np.unique(x, True))
print('y={},ind={},x[ind]={},x.flat[ind]={}'.format(y,ind,x[ind],x.flat[ind]))
```

```
x = np.arange(10.0)
y = np.arange(5.0,15.0)
print('np.in1d(x,y)=', np.in1d(x,y))
print('np.intersect1d(x,y)=', np.intersect1d(x,y))
print('np.union1d(x,y)=', np.union1d(x,y))
print('np.setdiff1d(x,y)=' , np.setdiff1d(x,y))
print('np.setxor1d(x,y)=',np.setxor1d(x,y))
x=np.random.randn(4,2)
print(x,'\n','\n',np.sort(x,1),'\n',np.sort(x,axis=None))
print('np.sort(x,0)',np.sort(x,0))
print('x.sort(0)',x.sort(axis=0) )
x=np.random.randn(3)
x[0]=np.nan #赋缺失值
print('x{}\nsum(x)={}\nnp.nansum(x)={}'.format(x,sum(x),np.nansum(x)))
print('np.nansum(x)/np.nanmax(x)=', np.nansum(x)/np.nanmax(x))
```

分割数组

```
x = np.reshape(np.arange(24),(4,6))
y = np.array(np.vsplit(x,2))
z = np.array(np.hsplit(x,3))
print('x={}\ny={}\nz={}'.format(x,y,z))
print(x.shape,y.shape,z.shape)
print(np.delete(x,1,axis=0)) #删除x的第1行
print(np.delete(x,[2,3],axis=1)) #删除x的第2,3列
print(x.flat[:], x.flat[:4]) #把x变成向量
```

矩阵的对角线元素与对角线矩阵

```
x = np.array([[10,2,7],[3,5,4],[45,76,100],[30,2,0]])#same as R
y=np.diag(x) #对角线元素
print('x={}\ny={}'.format(x,y))
print('np.diag(y)=\n',np.diag(y)) #由向量形成对角线方阵
print('np.triu(x)=\n' ,np.triu(x)) #x上三角阵
print('np.tril(x)=\n',np.tril(x))#x下三角阵
```

一些随机数的产生

```
print(np.random.randn(2,3))#随机标准正态2x3矩阵
#给定均值矩阵和标准差矩阵的随机正态矩阵:
print(np.random.normal([[1,0,3],[3,2,1]],[[1,1,2],[2,1,1]]))
print(np.random.normal((2,3),(3,1)))#均值为2,3,标准差为3,1的两个随机正态数
print(np.random.uniform(2,3))#均匀U[2,3]随机数
np.random.seed(1010)#随机种子
print(np.random.random(10))#10个随机数(0到1之间)
```

```
print(np.random.randint(20,100))#20到100之间的随机整数
print(np.random.randint(20,100,10))#20到100之间的10个随机整数
print(np.random.choice(np.arange(-10,10,3)))#从序列中随机选一个
x=np.arange(10);np.random.shuffle(x);print(x)
```

一些线性代数运算

```
import numpy as np
x=np.random.randn(3,4)
print(x)
u,s,v= np.linalg.svd(x)#奇异值分解
Z=np.array([[1,-2j],[2j,5]])
print('Cholsky:', np.linalg.cholesky(Z))#Cholsky分解
print('x={}\nu={}\ndiag(s)={}\nv={}'.format(x,u,np.diag(s),v))
print(np.linalg.cond(x))#条件数
x=np.random.randn(3,3)
print(np.linalg.slogdet(x))#行列式的对数(及符号:1为正;-1为负)
print(np.linalg.det(x)) #行列式
y=np.random.randn(3)
print(np.linalg.solve(x,y)) #解联立方程
X = np.random.randn(100,2)
y = np.random.randn(100)
beta, SSR, rank, sv= np.linalg.lstsq(X,y,rcond=None)#最小二乘法
print('beta={}\nSSR={}\nrank={}\nsv={}'.format(beta, SSR, rank, sv))
#cov(x)方阵的特征值问题解:
va,ve=np.linalg.eig(np.cov(x))
print('eigen value={}\neigen vectors={}'.format(va,ve))
x = np.array([[1,.5],[.5,1]])
print('x inverse=', np.linalg.inv(x))#矩阵的逆
x = np.asmatrix(x)
print('x inverse=', np.asmatrix(x)**(-1)) #注意使用**(-1)的限制
z = np.kron(np.eye(3),np.ones((2,2)))#单位阵和全1矩阵的Kronecker积
print('z={},z.shape={}'.format(z,z.shape))
print('trace(Z)={}, rank(Z)={}'.format(np.trace(z),np.linalg.matrix_rank(z)))
```

关于日期

```
import datetime as dt
yr, mo, dd = 2016, 8, 30
print('dt.date(yr, mo, dd)=',dt.date(yr, mo, dd))
hr, mm, ss, ms= 10, 32, 10, 11
print('dt.time(hr, mm, ss, ms)=',dt.time(hr, mm, ss, ms))
print(dt.datetime(yr, mo, dd, hr, mm, ss, ms))
d1 = dt.datetime(yr, mo, dd, hr, mm, ss, ms)
d2 = dt.datetime(yr + 1, mo, dd, hr, mm, ss, ms)
print('d2-d1', d2-d1 )
print(np.datetime64('2016'))
print(np.datetime64('2016-08'))
```

```
print(np.datetime64('2016-08-30'))
print(np.datetime64('2016-08-30T12:00')) # Time
print(np.datetime64('2016-08-30T12:00:01')) # Seconds
print(np.datetime64('2016-08-30T12:00:01.123456789')) # Nanoseconds
print(np.datetime64('2016-08-30T00','h'))
print(np.datetime64('2016-08-30T00','s'))
print(np.datetime64('2016-08-30T00','ms'))
print(np.datetime64('2016-08-30','W'))#Upcase!
dates = np.array(['2016-09-01','2017-09-02'],dtype='datetime64')
print(dates)
print(dates[0])
```

4.5　Pandas 模块

产生一个数据框 (类似于 R 的), 并存入 csv 及 excel 文件 (指定 sheet) 中.

```
import pandas as pd
np.random.seed(1010)
w=pd.DataFrame(np.random.randn(10,5),columns=['X1','X2','X3','X4','Y'])
v=pd.DataFrame(np.random.randn(20,4),columns=['X1','X2','X3','Y'])
w.to_csv('Test.csv',index=False)
writer=pd.ExcelWriter('Test1.xlsx')
v.to_excel(writer,'sheet1',index=False)
w.to_excel(writer,'sheet2')
```

从 csv 及 excel 文件 (指定 sheet) 中读入数据

```
W=pd.read_csv('Test.csv')
V=pd.read_excel('Test1.xlsx','sheet2')
U=pd.read_table('Test.csv',sep=',')
print('V.head()=\n',V.head())#前5行
print('U.head(2)=\n',U.head(2))#前2行
print('U.tail(3)=\n',U.tail(3))#最后3行
print('U.size={}\nU.columns={}'.format(U.size, U.columns))
U.describe() #简单汇总统计量
```

一个例子 (diamonds.csv)

```
diamonds=pd.read_csv("diamonds.csv")
print(diamonds.head())
print(diamonds.describe())
print('diamonds.columns=',diamonds.columns)
print('sample size=', len(diamonds)) #样本量
cut=diamonds.groupby("cut") #按照变量cut的各水平分群
```

```
print('cut.median()=\n',cut.median())
print('Cross table=\n',pd.crosstab(diamonds.cut, diamonds.color))
```

4.6 Matplotlib 模块

输入模块

一般在 plt.show 之后显示独立图形, 可以对独立图形做些编辑. 如果想在输出结果中立即看到插图 (不是独立的图), 则可用 %matplotlib inline 语句, 但没有独立图形那么方便.

```
#如果输入下一行代码, 则会产生输出结果之间的插图(不是独立的图)
#%matplotlib inline
import matplotlib.pyplot as plt
```

最简单的图

```
y = np.random.randn(100)
plt.plot(y)
plt.plot(y,'g--')
plt.title('Random number')
plt.xlabel('Index')
plt.ylabel('y')
plt.show()
```

几张图

```
import scipy.stats as stats
fig = plt.figure(figsize=(15,10))
ax = fig.add_subplot(2, 3, 1)#2x3图形阵
y = 50*np.exp(.0004 + np.cumsum(.01*np.random.randn(100)))
plt.plot(y)
plt.xlabel('time ($\tau$)')
plt.ylabel('Price',fontsize=16)
plt.title('Random walk: $d\ln p_t = \mu dt + \sigma dW_t$',fontsize=16)

y = np.random.rand(5)
x = np.arange(5)
ax = fig.add_subplot(2, 3, 5)
colors = ['#FF0000','#FFFF00','#00FF00','#00FFFF','#0000FF']
plt.barh(x, y, height = 0.5, color = colors, \
edgecolor = '#000000', linewidth = 5)
ax.set_title('Bar plot')
```

```
y = np.random.rand(5)
y = y / sum(y)
y[y < .05] = .05
ax = fig.add_subplot(2, 3, 3)
plt.pie(y)
ax.set_title('Pie plot')

z = np.random.randn(100, 2)
z[:, 1] = 0.5 * z[:, 0] + np.sqrt(0.5) * z[:, 1]
x = z[:, 0]
y = z[:, 1]
ax = fig.add_subplot(2, 3, 4)
plt.scatter(x, y)
ax.set_title('Scatter plot')

ax = fig.add_subplot(2, 3, 2)
x = np.random.randn(100)
ax.hist(x, bins=30, label='Empirical')
xlim = ax.get_xlim()
ylim = ax.get_ylim()
pdfx = np.linspace(xlim[0], xlim[1], 200)
pdfy = stats.norm.pdf(pdfx)
pdfy = pdfy / pdfy.max() * ylim[1]
plt.plot(pdfx, pdfy,'r-',label='PDF')
ax.set_ylim((ylim[0], 1.2 * ylim[1]))
plt.legend()
plt.title('Histogram')

ax = fig.add_subplot(2, 3, 6)
x = np.cumsum(np.random.randn(100,4), axis = 0)
plt.plot(x[:,0],'b-',label = 'Series 1')
plt.plot(x[:,1],'g-.',label = 'Series 2')
plt.plot(x[:,2],'r:',label = 'Series 3')
plt.plot(x[:,3],'h--',label = 'Series 4')
plt.legend()
plt.title('Random lines')
plt.show()
```

4.7　Python 的类——面向对象编程简介

Python 自存在以来一直是面向对象的语言. 学会面向对象编程 (object-oriented programming, OOP) 使得创建和使用类 (class) 和对象 (object) 非常简单. 本节通过几个例子对 Python 的类做一简单的介绍. 这里不做各种术语定义的列举, 但对出现的语句予以说明.

4.7.1 类的基本结构

下面的代码定义了一个名为OOP 的类,并且在最后产生了 4 个称为实例 (instance) 的对象 (object):

```
class OOP:
    'This is a simple class'
    Count=0
    def __init__ (self,name):
        self.name=name
        OOP.Count+=1
    def __str__(self):
        return '{self.name} is a programmer'.format(self=self)
    def foo(self):
        print ('Number of programmers is %d'%OOP.Count)
    def call(self,x):
        self.foo()
        print('Total time we wasted = {} days, and {} belong to {}'\
              .format(x*OOP.Count,x,self.name))

Tom=OOP('Tom')
Jerry=OOP('Jerry')
Janet=OOP('Janet')
Ruth=OOP('Ruth')
```

下面对这个类的语句做一些说明:

1. 在一开始有一个说明性质的字符串 'This is a simple class', 这个字符串可以用代码 OOP.__doc__ 打印出来.

2. 如上面 __doc__ 那样的属性称为内置类属性 (built-in class attributes), 可以用下面的代码来显示:

```
OOP.__dict__,OOP.__name__,OOP.__module__,OOP.__bases__
```

输出如下:

```
(mappingproxy({'__module__': '__main__',
               '__doc__': 'This is a simple class',
               'Count': 4,
               '__init__': <function __main__.OOP.__init__(self, name)>,
               '__str__': <function __main__.OOP.__str__(self)>,
               'foo': <function __main__.OOP.foo(self)>,
               'call': <function __main__.OOP.call(this_object, x)>,
               '__dict__': <attribute '__dict__' of 'OOP' objects>,
               '__weakref__': <attribute '__weakref__' of 'OOP' objects>}),
 'OOP',
 '__main__',
 (object,))
```

3. 语句 `Count=0` 被称为实例变量 (instance variable), 是方法内定义的变量, 仅属于类的当前实例. 在本例中是计数用的, 由于有 4 个实例, 其值可以用 `OOP.Count` 得到, 也可用任何实例加 `.Count`(比如 `Tom.Count`, `Jerry.Count`, `Janet.Count`, `Ruth.Count`) 来得到 (当然都等于 4).

4. 语句 `def __init__ (self,name)`: 是类构造函数 (class constructor) 或初始化方法 (initialization method), 用来定义 `self` 变量和输入变量 (这里是 `name`) 的. `self` 代表了任何一个用该类定义的实例, 比如输入 `Tom.name` 就输出 `'Tom'` (即 `self.name` 在实例 `Tom` 的代表). 而最后一句 `OOP.Count+=1` 也是每次用该类定义实例时要运行的代码 (上面定义了 4 个实例, 因此等于 4).

5. 函数 `def __str__(self)`: 定义了一个字符串, 如果使用下面的代码:

```
str(Tom), str(Jerry),str(Janet),str(Ruth)
```

输出的每个实例不同:

```
('Tom is a programmer',
 'Jerry is a programmer',
 'Janet is a programmer',
 'Ruth is a programmer')
```

6. `def foo(self)`: 仅仅是后一个函数 (call) 将会 (使用 `self.foo()`) 引用的打印函数.

7. `def call(self,x)`: 为这个类最后一个函数, 它除了 `self` 之外, 有一个输入 (x), 该函数运行了两个打印命令, 一个是上面的 `foo()`, 另外一个就是和 x 及 `self.name` 有关的信息. 比如代码:

```
Tom.call(30000)
```

输出为:

```
Number of programmers is 4
Total time we wasted = 120000 days, and 30000 belong to Tom
```

从上面代码的运行结果可以看出, 每个实例都是一个对象, 输出也可以不同, 每个实例后面用点 "." 可以连接函数及类中 `self.` 后面的属性来得到相应的结果.

4.7.2 计算最小二乘回归的例子

随机生成数据

首先构造两个具有自变量和因变量的数据 (分别为 X1, y1 及 X2, y2):

```
np.random.seed(1010)
X1=np.random.randn(100,3)
y1=X1.dot(np.arange(3))+np.random.randn(100)
```

```
np.random.seed(8888)
X2=np.random.randn(70,4)
y2=X2.dot(np.arange(4))+np.random.randn(70)
```

计算最小二乘回归的类

下面定义一个用于计算最小二乘回归的类:

```
import numpy as np
class MyC:
    'Simple'
    Count=0

    def __init__(self, name, age):
        self.name = name
        self.age = age
        MyC.Count+=1
        print('This is an object of {}, age {}'.format(self.name,age))
    def fit(self,X,y,intercept=True):
        if intercept:
            X=np.hstack((np.ones((X.shape[0],1),dtype=X.dtype),X))
        b=np.linalg.inv(X.T.dot(X)).dot(X.T).dot(y)
        y_hat=X.dot(b)
        self.b=b
        self.y_hat=y_hat
        self.resid=y-y_hat
        self.MSE=np.mean((y-y_hat)**2)
        print("In {}'s OLS project, param:\n {}".format(self.name,b))
```

生成实例

用这个类产生两个实例:

```
a=MyC('Tom',13)
b=MyC('Jerry',12)
```

输出来自 __init__(self, name, age) 的打印命令,输出两个实例输入的名字和年龄:

```
This is an object of Tom, age 13
This is an object of Jerry, age 12
```

拟合两个数据

用最小二乘模型 (由于采用默认值 intercept=True, 因此带有截距项) 分别拟合前面生成的两个数据:

```
a.fit(X1,y1)
b.fit(X2,y2)
```

这产生了函数 fit 的自动打印输出 (包括估计的回归系数):

```
In Tom's OLS project, param:
 [ 0.06577294 -0.01687886  1.11312727  1.9022737 ]
In Jerry's OLS project, param:
 [-0.20662524  0.04069133  0.82040947  1.89809426  3.14578563]
```

如同前面小节, 使用代码:

```
a.name,a.age,b.name,b.age
```

输出为:

```
('Tom', 13, 'Jerry', 12)
```

展示其他结果

函数 fit 有更多的结果可以展示, 如拟合值 (y_hat)、残差 (resid)、均方误差 (MSE).
比如, 使用 a.MSE, b.y_hat, a.resid 那样的代码, 或等价的 getattr(a, 'MSE'),
getattr(b, 'y_hat'), getattr(a, 'resid') 等显示各种拟合结果.

另外, 使用 hasattr(a,'MSE') 之类的代码, 可查看某实例是否有后面所列的属性.
也可以使用诸如 setattr(a, 'name', 'Tommy') 那样的语句改变一个实例 (这里是
a) 的某属性 (这里是 'name') 原先的值为另一个值 (这里是 'Tommy').

4.7.3 子类

很大一部分深度学习的神经网络都是某神经网络模型的子类, 子类继承其父类的属性,
可以使用这些属性, 就像它们在子类中的定义一样. 子类可以覆盖父类中的数据成员和方
法, 还可增加很多特有的功能.

定义子类

下面就从4.7.2节引入的类 MyC 生成一个子类. 具体代码为:

```
import matplotlib.pyplot as plt
class MyCC(MyC):
    'Child class'
    def __init__(self,name):
        self.name=name
        print('A child of MyC for', name)
    def predict(self,X,y,intercept=True):
        if intercept:
            X=np.hstack((np.ones((X.shape[0],1),dtype=X.dtype),X))
        self.pred=X.dot(self.b)
```

```
            self.cvresid=y-self.pred
        def plot(self):
            plt.figure(figsize=(21,7))
            plt.subplot(121)
            plt.scatter(self.y_hat,self.resid)
            plt.axhline(y=0,linewidth=4, color='r')
            plt.grid()
            plt.xlabel('Fitted value of training set')
            plt.ylabel('Residual for training set')
            plt.subplot(122)
            plt.scatter(self.pred,self.cvresid)
            plt.axhline(y=0,linewidth=4, color='r')
            plt.grid()
            plt.xlabel('Fitted value of testing set')
            plt.ylabel('Error for testing set')
            plt.show()
```

生成一个实例

生成一个 MyCC 的实例:

```
ac=MyCC('Seth')
```

在子类 __init__ 定义的打印输出为:

```
A child of MyC for Seth
```

由于还没有拟合数据, 不会显示父类中原有的诸如 ac.y_hat 等拟合后才产生的属性.

使用父类的函数拟合训练集

使用父类函数 fit 拟合训练集 (前 80%的 X1, y1 数据):

```
ac.fit(X1[:80],y1[:80])
```

按照父类拟合输出的格式, 打印输出:

```
In Seth's OLS project, param:
 [0.13562703 0.06082705 1.17951671 1.96968663]
```

这时才产生父类在执行 fit 后具有的属性, 诸如 ac.resid,ac.y_hat,ac.MSE,ac.b.

使用子类的函数对测试集做预测

下面将数据 X1 除去训练集剩下的后 20%的数据作为测试集做预测:

```
ac.predict(X1[80:],y1[80:])
```

这个命令没有输出, 但增加了一些属性, 如 ac.pred, ac.cvresid.

用子类函数画训练集的残差图及测试集的误差图

　　具体代码为:

```
ac.plot()
```

输出见图4.7.1.

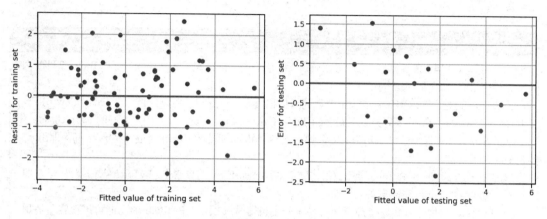

图 4.7.1　训练集的残差图及测试集的误差图

第 5 章　PyTorch 与深度学习

PyTorch 与 TensorFlow

深度学习具有框架、库和众多工具, 可以减少大量必需的手动计算. TensorFlow 和 PyTorch 是目前构建神经网络架构的两个最流行的框架.

使用 PyTorch 还是 TensorFlow 取决于个人的风格和偏好、数据和模型以及目标.[a] TensorFlow 比 PyTorch 早一年发布, 在前几年, 开发人员多用 TensorFlow, 而研究人员喜欢用用户友好的 PyTorch. 最近, 大多数开发人员都逐渐倾向于 PyTorch. 如果很熟悉 Python, 那么 PyTorch 会很容易上手, 开箱即用.

PyTorch 的优点:

1. 在安装和更新上, PyTorch 要比 (很伤脑筋的) TensorFlow 简单得多. PyTorch 入门容易, 学习曲线远不如 TensorFlow 陡峭.

2. PyTorch 的构建方式易于理解而且易于开发机器学习项目. PyTorch 的功能可以很容易地用 Numpy、Scipy 和 Cython 等其他令人惊叹的库来实现. 由于 PyTorch 的大多数语法和应用程序与传统的 Python 编程非常相似, 因此学习的便利性也大大提高. 使用 TensorFlow 时, 即使您对框架有很好的了解, 代码也会比较低级且难以理解.

3. 良好的文档和社区支持. PyTorch 拥有最好的文档之一, 可用于掌握大多数基本概念. 它们有详细的描述, 可以在其中了解大多数核心主题: torch.Tensor、Tensor Attributes、Tensor Views、torch.autograd 等等. 还拥有一些深度学习项目的博客和教程支持. 除了默认文档外, 整个社区对 PyTorch 及其相关项目的支持度很高.

4. 动态图. PyTorch 支持动态图, 而 TensorFlow 只支持静态图. 此功能对于动态创建图形特别有用. 当无法为特定计算预先确定内存分配或其他细节时, 动态创建的图表最有用, 为用户开发项目提供了更高的灵活性.

5. 许多开发人员选择 PyTorch 进行项目开发. 最近, 开发人员和研究人员倾向于更多地使用 PyTorch 来构建深度学习项目. 大多数研究人员更喜欢在 GitHub 等网站上与他们的 PyTorch 项目实现代码的共享. 当对特定主题有任何困惑时, 社区有极好的参考资源和愿意伸出援助之手的人. 在从事研究项目时, 工作、共享和开发 PyTorch 项目更容易.

PyTorch 的缺点:

1. 缺乏可视化技术. 在 Tensorboard 的帮助下, TensorFlow 是其开发模型工作可视化的最佳选择之一. Tensorboard 是一个出色的数据可视化工具包, 可以通过它监控多个功能, 例如训练和验证的准确性和损失、模型图、查看构建的直方图、显示图像等等. PyTorch 没有很好的可视化选项, 通常将 Tensorboard 与 PyTorch 一起使用.

2. 用于生产开发时, TensorFlow 相对于 PyTorch 的一个优势是前者拥有许多生产工具, 可以为部署已开发的模型做好准备. TensorFlow 的可扩展性很高, 因为它是为生产就绪而构建的.

   TensorFlow 服务为专为生产环境设计的机器学习模型提供了一个灵活、高性能的服务系统. 当然, PyTorch 有 TorchServe, 它灵活且易于使用, 但它的紧凑性不如 TensorFlow 的同类产品, 要与卓越的部署工具竞争还有很长的路要走.

---

[a]以创造 ChatGDT 的 OpenAI 为例, OpenAI 在 2020 年内部标准化了 PyTorch 的使用. 但是, 对于 OpenAI 中从事强化学习的人员, 他们的旧基线存储库是在 TensorFlow 中实现的. 这提供了强化学习算法的高质量实现.

5.1 作为机器学习一部分的深度学习

深度学习 (deep learning DL) 使用深度神经网络[1]作为函数逼近器, 允许学习状态 – 行动对价值的复杂表示. 本章通过 **PyTorch** 简单介绍深度学习.

机器学习是计算机从数据中学习的总称, 可以说是计算机科学和统计学的交叉点, 其中算法用于执行特定任务, 识别数据中的模式, 并对新数据做出预测. 机器学习包括至少三个 (关系密切的) 部分: 有监督学习、无监督学习和强化学习, 其中对于人工智能重要的是有监督学习和强化学习.

传统的机器学习算法包括线性回归或分类那样的较简单的统计课题, 而且有大量的算法或工具来支持, 其效能和精确度远远高于传统统计.

深度学习可以视为机器学习在算法和数学的复杂度上的进化. 该领域最近受到了很多关注, 取得了以前认为不可能的结果. 用于分析数据算法的深度学习的逻辑结构类似于人类认识世界并得出结论的方式. 和实现传统统计课题具有众多的算法工具不同, 统计深度学习目前的应用程序主要运用人工神经网络的分层算法结构. 这种人工神经网络的设计灵感来自人脑的生物神经网络, 比标准机器学习模型的学习能力更强.

我们已经知道, 神经网络由输入层、输出层及若干隐藏层组成. 网络在输入层和输出层之间的隐藏层越多, 它就越深. 一些人把任何具有两个或更多隐藏层的神经网络称为深度神经网络. 但深度学习不仅在于网络结构, 而且在于大量反复的学习或训练网络的过程. 深度学习 (包括使用深度学习的强化学习) 有非常广泛的应用, 除了人们所熟知的下棋、游戏、自动驾驶及机器人等个例之外, 基于机器学习的人工智能意味着人类智能在各个领域的无止境的延伸和加强.

通过自动特征工程及其自学习能力, 深度学习算法只需要很少的人工干预. 这显示了深度学习的巨大潜力, 深度学习只在最近几年才获得如此多的进展有两个主要原因: 数据可用性和计算能力. 换言之, 深度学习通常需要大量的数据以及强大的计算能力. 而随着云计算基础设施和高性能 GPU 的出现, 这些都不再是障碍.

由于深度学习需要反复的训练, 因此需要进行迭代, 每次迭代都要通过误差梯度等特性来更新原有的参数, 以改进拟合. 需要考虑训练模型时要用多少次整个训练集及每一次迭代需要用多少观测值. 这就产生了**纪元** (epoch)[2]和**批/批次/批处理** (batch) 的概念.

在通常统计课程中的**样本量** (sample size) 概念就是数据中全部观测值的数量. 把全部训练集数据用来训练模型在深度学习中称为一个纪元, 这是因为在深度学习中往往需要用整个训练集数据来训练模型多次 (训练几次就称几个纪元). 由于无法在每个纪元的训练中一次将所有数据传递给计算机, 因此, 需要将整个训练集数据分成较小尺寸 (patch size) 的批次, 逐个提供给计算机, 并在每一步结束时更新神经网络的权重以使预测值逐渐接近给定的目标值.[3]

纪元的数量很大, 可能为数百或数千, 这使得学习算法可以持续运行, 直到将模型中的

---

[1] 参见吴喜之和张敏的《深度学习入门——基于 Python 的实现》(2021 年, 中国人民大学出版社).

[2] 术语 epoch 可以翻译成常用词 "时代" 或 "时期", 这里用纪元主要是避免使用常用词做专门术语.

[3] 在统计中称为观测值的是一行数据, 是许多变量 (variable) 的观测值组成的向量, 英文是 observation, 而称一个数据集为样本 (sample); 但是在计算机领域往往称变量为特征 (feature), 观测值为样品或样本 (sample), 也称为实例 (instance)、观测 (observation)、输入向量 (input vector) 或特征向量 (feature vector).

误差充分最小化为止. 在一些文献中可以看到纪元数目设置为 10、100、500、1000 和更大的示例. 为什么使用多个纪元呢? 这是因为我们使用的是有限的数据集, 为了优化由迭代积攒的学习效果, 仅使用全部数据通过神经网络完整的一次训练周期来更新权重是不够的, 需要将完整的数据集多次传递到同一个神经网络.

当将所有训练样本都用于创建一个批次时, 该学习算法称为批次梯度下降 (batch gradient descent); 当批次等于一个样本的大小时, 该学习算法称为随机梯度下降 (stochastic gradient descent); 当批次的大小大于一个样本的大小且小于训练数据集的大小时, 该学习算法称为微型批次梯度下降 (mini-batch gradient descent).

在小批量梯度下降的情况下, 常用的批量大小包括 32、64 和 128 个样本. 如果数据集没有按批次大小平均划分怎么办? 在训练模型时, 这种情况可能实经常发生. 这仅表示最终批次的样品少于其他批次, 或者可以从数据集中删除一些样本或更改批次大小, 以使数据集中的样本数量确实等于样本量除以批次的大小.

批次数目及纪元数目都是整数值, 是学习算法的超参数, 而不是学习过程发现的内部模型参数. 为学习算法指定批处理大小和纪元数是必须的. 但如何配置这些参数则没有规则, 必须尝试不同的值, 以适合具体课题.

5.2 PyTorch 简介

PyTorch 和 TensorFlow (Keras) 都是深度学习的工具. 这两种语言各有各的长处. 本书涉及深度学习的代码均使用 PyTorch 的原因是其对初学者比较友好, 代码的底层逻辑容易理解. 由于与 Numpy 的语言类似, 熟悉 Numpy 的人能很容易理解 PyTorch 的代码.

PyTorch 有如下的组成部分:

- torch: 如同 Numpy 那样的程序包.
- torch.autograd: 一个基于 tape 的自动微分库, 支持 torch 中所有可微分的张量 (tensor) 操作. 求梯度是神经网络反向传播的最主要功能.
- torch.jit: 用于从 PyTorch 代码创建可序列化和可优化模型的编译堆栈 (Torch-Script). 在运行编程中, 人们通常不会注意到其作用.
- torch.nn: 这是与 autograd 深度集成的神经网络库, 旨在实现最大的灵活性, 在建立神经网络时, 可通过作为 torch.nn 的子类以许多方式定义.
- torch.multiprocessing: 是 Python 多处理器, 具有跨进程的 torch 张量的内存共享. 对数据加载和做 Hogwild 训练[4]很有用.
- torch.utils: 包括下载数据及其他方便的工具.

我们用一些平行代码做 PyTorch 和 Numpy 的比较 (请试着执行看结果), 参看表 5.2.1.

任何现有计算机的核心都是中央处理器 (central processing unit, CPU), CPU 处理计算机中的核心处理任务——驱动计算机系统中每一个动作的字面计算.

计算机通过处理二进制数据或 1 和 0 来工作. 要将这些信息转化为软件、图形、动画和在计算机上执行的所有其他过程, 这些由 1 和 0 组成的数据代码必须通过 CPU 的逻辑结构工作. 这包括基本的算术、逻辑函数 (AND、OR、NOT) 以及输入和输出操作. CPU 如同大

---

[4]Hogwild 算法以并行方式运行随机梯度下降 (SGD).

脑, 负责获取信息、计算信息并将其移动到需要的地方.

表 5.2.1　PyTorch 和 Numpy 的比较实践

PyTorch 代码	Numpy 代码
`import torch`	`import numpy as np`
`torch.tensor([[1,-3],[4,0]])`	`np.array([[1,-3],[4,0]])`
`a=torch.rand(3,2)` `a, a.shape`	`b=np.random.rand(3,2)` `b, b.shape`

`a=torch.rand((2, 3))`
`b=torch.rand((3, 2))`
`torch.matmul(a, b)`
`a*b.T,a.T*b`
	`c=np.random.rand(2, 3)`
	`d=np.random.rand(3, 2)`
	`c.dot(d)`
	`c*d.T,c.T*d`

`torch.zeros(2, 2)`	`np.zeros((2, 2))`
`torch.ones(2, 2)`	`np.ones((2, 2))`
`a=torch.eye(3)`	`b=np.identity(3)`
`a=torch.eye(3)` `a,a.numpy()`	`b=np.identity(3)` `b,torch.from_numpy(b)`

有些任务, 如图形处理, 通常被认为是 CPU 更复杂的处理任务之一. 处理图形的挑战在于图形调用复杂的数学来渲染, 而这些复杂的数学必须并行计算才能正常工作. 例如, 一个图形密集的视频游戏可能在任何给定时间在屏幕上包含数百或数千个多边形, 每个多边形都有其单独的运动、颜色、照明等. CPU 不是用来处理这种工作负载的. 这就是图形处理器 (graphical processing unit, GPU) 发挥作用的地方. GPU (俗称显卡) 在功能上与 CPU 相似. GPU 加速不是强调上下文切换来管理多个任务, 而是强调通过大量内核进行并行数据处理. 这些核心通常不如 CPU 的核心强大. GPU 通常与不同硬件 API 和无外壳内存的互操作性也较差. 它们的亮点在于并行推送大量处理过的数据. GPU 无须切换多个任务来处理图形, 而是简单地接收批处理指令并将它们大量推出以加快处理和显示速度.

在数据运算时, 两个数据进行运算, 那么它们必须同时存放在同一个设备, 或者同时是 CPU, 或者都是 GPU. 而且数据和模型都要在同一个设备上. 所有计算机都有 CPU, 但并不是所有的都有 GPU. 配置较高的计算机, 都包含显卡计算核心. 在科学计算中, 显卡被称为显示加速卡. GPU (又称为显示芯片, video chipset) 是显卡的主要处理单元.

根据不同的计算目的, 在深度学习中需要选择使用 CPU 或 GPU (如果有的话). 一般来说, 如果想使用 GPU, 但又不知道自己的计算机有没有 GPU, 此时, 如果使用 PyTorch, 可以输入下面代码通过 cuda [5] 连接 GPU:

```
torch.device('cuda' if torch.cuda.is_available() else 'cpu')
```

或者用某个对象 (该对象习惯取名 device) 代表计算机可提供的需要设备 (有 GPU 还是只有 CPU), 这个对象名会出现在程序的某些代码 (如模型和数据张量) 中. 下面是为给取名为

---

[5] 代码中的 cuda (compute unified device architecture, 计算统一设备架构) 是一种 API (application programming interface), 即并行计算平台和应用程序编程接口, 允许软件使用某些类型的图形处理器 (GPU) 进行通用处理, 这种方法称为 GPU 上的通用计算 (GPGPU). cuda 是一个软件层, 可直接访问 GPU 的虚拟指令集和并行计算元素, 以执行计算内核.

device 的对象赋值的代码:

```
device = torch.device('cuda' if torch.cuda.is_available() else 'cpu')
```

这样, 如果有 GPU 就用, 没有就自动使用 CPU. 这时候要把模型及张量用 to.(device) 连接到所需要的设备, 比如可试着执行:

```
import torch
import torch.nn as nn
device = torch.device('cuda' if torch.cuda.is_available() else 'cpu')
model = nn.Sequential(nn.Linear(2, 1)) #一个简单的神经网络
model.to(device)
x=torch.ones((4, 2))
x.to(device)
model(x)
```

实际上, 可以直接输入如下代码来确定设备选择:

```
model = nn.Sequential(nn.Linear(2, 1)).to('cpu')
x=torch.ones((4, 2)).to('cpu')
model(x)
```

如果你没有 GPU, 就根本用不着来回切换 (没有选择余地), 只要舍去所有的 to.() 命令, 就自然选取 CPU, 省去很多麻烦. 本书代码都不用 to.() 命令.

5.3 神经网络简介

深度学习使用深度神经网络[6]作为函数逼近器, 允许学习状态 – 行动对值的复杂表示.

5.3.1 神经网络概述

深度学习所用的**深度神经网络** (deep neural network, DNN) 是从最简单的**人工神经网络** (artificial neural network) (简称**神经网络**) 发展来的. 下面介绍神经网络的基本知识.

神经网络由一个输入层 x、一个或多个隐藏层和一个输出层 y 组成. 为了符号简单, 这些层在下式中均用 $h_1, h_2, \ldots, h_n$ 表示, 也就是说 h_1 为输入层, h_n 为输出层, 其他为隐藏层. 每个层 k (称为全连接) 通过将前一层的活动 (向量 h_{k-1}) 与权重矩阵 W_k 相乘, 添加偏差向量 b_k (下面将把权重和偏差统称为参数 θ) 并应用非线性激活函数 f, 将其转换为另一个向量 h_k:

$$h_k = f(W_k h_{k-1} + b_k). \tag{5.3.1}$$

激活函数理论上可以是任何类型, 只要它是非线性的 (如 sigmoid, tanh, 等等), 但现代神经网络优先使用整流线性单元 (rectified linear unit, ReLU) 函数 $f(x) = \max(0, x)$ 或它的参数化变体.

---

[6]参见吴喜之和张敏的《深度学习入门——基于 Python 的实现》(2021 年, 中国人民大学出版社).

图 5.3.1 是由一个包括 4 个节点的输入层、5 个节点的隐藏层和 2 个节点的输出层组成的神经网络. 其中 X0,..., X3 为输入层节点; H0 ,..., H4 为隐藏层节点; Y0 和 Y1 为输出层节点 (图中这些节点的次序是无关紧要的).

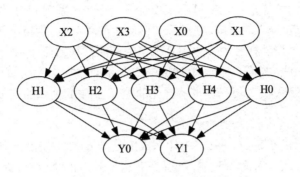

图 5.3.1　一个神经网络的示意图

神经网络的学习 (训练) 过程通常有以下几个步骤:

1. 定义某个有可学习参数 (权重) 的神经网络, 参数就是式 (5.3.1) 中的那些权重 $\boldsymbol{W}_k$, 这些权重事先不知道, 需要通过迭代学习到.

2. 通过输入训练集 $\mathcal{D}$ 的数据来进行迭代, 这里的数据就是神经网络输入值 $\boldsymbol{x}$ 以及作为输出的 $\boldsymbol{y}$. 在迭代的每一步 (第一步需要事先 (通常随机地) 给出式 (5.3.1) 中的权重 $\boldsymbol{W}_k$ 和偏差 $\boldsymbol{b}$):

   (1) **前向传播** (forward propagation): 也就是输入 $\boldsymbol{x}$ 并通过网络, 即一系列式 (5.3.1) (该式只是从一层到另一层的部分公式), 根据先前一步算出的参数 $\boldsymbol{\theta}$ 得到输出层的对 $\boldsymbol{y}$ 的估计 $\hat{\boldsymbol{y}}$.

   (2) 根据 $\boldsymbol{y}$ 与 $\hat{\boldsymbol{y}}$ 的差距, 确定损失. 比如在回归问题中, 通常用均方误差 (MSE) 作为损失函数:
   $$\mathcal{L}(\theta) = E_{\boldsymbol{x},\boldsymbol{y} \in \mathcal{D}}[\|\hat{\boldsymbol{y}} - \boldsymbol{y}\|^2].$$

   预测值 $\hat{\boldsymbol{y}}$ 与真实值 $\boldsymbol{y}$ 的预测越接近, MSE 越小. 而在分类问题中, 用下面的**交叉熵** (cross entropy) (或**负对数似然** (negative log-likelihood)) 计算损失:
   $$\mathcal{L}(\theta) = -E_{\boldsymbol{x},\boldsymbol{y} \in \mathcal{D}}\left[\sum_i \hat{y}_i \log y_i\right].$$

   (3) **反向传播** (backward propagation): 这是以最小化损失为目标在神经网络中反向调整参数的过程. 通过计算梯度, 根据梯度下降法来得到搜索 (参见下面的介绍).

   (4) 更新参数 $\boldsymbol{\theta}$ 直到收敛.

5.3.2　梯度下降法

一旦定义了损失函数, 就必须通过搜索自由参数 θ 的最优值来使损失函数最小化. 这个优化过程是基于**梯度下降** (gradient descent) 的, 这是一个迭代过程, 在损失函数的梯度的相反方向上修改自由参数的估计:
$$\Delta\theta = -\eta \nabla_\theta \mathcal{L}(\theta) = -\eta \frac{\partial \theta \mathcal{L}(\theta)}{\partial \theta}.$$

学习率 η 要选择得非常小, 以确保平滑收敛. 直观地说, 梯度 (或偏导数) 表示当每个参数略微增加时损失函数如何变化. 如果关于单个参数 (例如权重 w) 的梯度为正, 则增加权重会使损失函数 (即误差) 的值变大, 因此应稍微降低权重. 如果梯度为负, 则应增加权重. 为了解释梯度下降法, 我们考虑某一维权重 (w) 和误差损失的关系图 (参见图5.3.2). 人们希望改变权重以达到降低误差损失的目的. 在图5.3.2中间, 误差损失达到极小值.

假定目前的 w_0 的误差在图中左边用 0 标记的圆圈形状的点表示, 这时误差变化最大的方向是箭头标明的切线 (梯度) 方向, 该梯度的方向是曲线在相应点的导数 (斜率) 方向, 其值可记为 $\frac{\partial}{\partial w}\text{Error}$ 或者 ∇_{loss}. 于是权重从原先的值 w_{old} 改变到新的值 w_{new}:

$$w_{new} = w_{old} - \alpha \odot \nabla_{loss}, \tag{5.3.2}$$

这里 α 是个调节步长的正常数. 那么, **为什么式中是减号呢?** 从图5.3.2中可以直观看出, 左边的导数为负, 即 $\nabla_{loss} < 0$, 而 w 应该增大, 在右边导数为正, 而 w 应该减小, 所以以上式应该是减号. 如此, 从点 0 开始, 按照 $0 \to 1 \to 2 \to 3 \to \cdots$ 转换下去, 越接近极小值, 斜率数值越小, 调整的步伐也相对越小, 直到误差在极小值的某认可的小邻域之内.

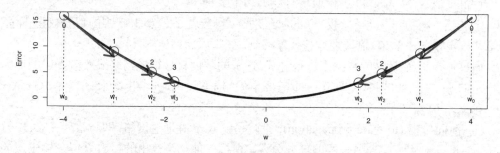

图 5.3.2 梯度下降法示意图

现在的问题是根据深度神经网络的所有参数 (即所有单个权重和偏差) 计算损失函数的梯度. 解决方案由反向传播算法给出, 它只是将微积分的**链式法则** (chain rule) 应用于神经网络的前向传播:

$$\frac{\partial \mathcal{L}(\theta)}{W_k} = \frac{\partial \mathcal{L}(\theta)}{\partial y} \times \frac{\partial y}{\partial h_n} \times \frac{\partial h_n}{\partial h_{n-1}} \times \cdots \times \frac{\partial h_k}{\partial W_k}.$$

当从损失函数向后退到参数时, 网络的每一层都会增加对梯度的贡献. 重要的是, DNN 中使用的所有函数都是可微的, 即存在偏导数 (并且易于计算). 对于由式 (5.3.1) 表示的全连接层, 偏导数由下式给出:

$$\frac{\partial h_k}{\partial h_{k-1}} = f'(W_k \times h_{k-1} + b_k)W_k.$$

它对参数的依赖是:

$$\frac{\partial h_k}{\partial W_k} = f'(W_k \times h_{k-1} + b_k)h_{k-1};$$
$$\frac{\partial h_k}{\partial b_k} = f'(W_k \times h_{k-1} + b_k).$$

通常选择的激活函数都易于计算导数, 偏导数由底层库自动计算, 例如 PyTorch. 下一步是选择**优化器** (optimizer), 即基于梯度的优化方法允许使用梯度修改自由参数. 优化器不对整个训练集起作用, 而是使用**小批量** (minibatches) (训练样本的随机样本的数量称为批量) 来迭代计算损失函数. 最流行的优化器是随机梯度下降 (stochastic gradient descent, SGD)、随机小批量的普通梯度下降、带动量的 SGD、Adagrad、Adadelta、RMSprop、Adam 等等. 一般认为, 带有 Nesterov 动量的 SGD 效果最好 (即找到更好的最小值), 但它的元参数 (学习率、动量) 很难找到, 而 Adam 开箱即用, 代价是最小值稍微差一点. 对于深度强化学习, Adam 通常是首选, 因为目标是寻求最小的速度更快.

5.3.3 深度神经网络的 PyTorch 表示

我们引入一个关于分类问题的例子, 以便于介绍深度神经网络.

例 5.1 电离层数据 (ion.csv, iron2.csv) [7]. 该雷达数据是由加拿大拉布拉多半岛鹅湾 (Goose Bay, Labrador) 的一个系统收集的. 该系统由 16 个高频天线的相控阵组成, 总发射功率约为 6.4 千瓦. 发射的信号经由电离层, 目标是电离层中的自由电子. "好" (good, 在 ion.csv 和 ion2.csv 数据的因变量中分别用字母 g 或整数 1 代表) 的雷达回波是那些显示电离层中某种结构的证据. "坏" (bad, 在 ion.csv 和 ion2.csv 数据的因变量中分别用字母 b 或整数 0 代表) 表示不具有某种结构.

使用自相关函数处理接收到的信号时, 自相关函数的参数是脉冲时间和脉冲数. 该系统有 17 个脉冲数. 该数据中的实例由每个脉冲数的 2 个属性描述, 对应于由复电磁信号产生的函数返回的复数值. 因此有 34 个连续型变量作为自变量 (用 V1~V34 表示) 及一个反映类 (用 Class 表示) 作为因变量.

在 PyTorch 中, 神经网络有多种定义方法, 下面介绍其中的两种. 就例 5.1 来说, 下面是两个不同定义但基本等价的神经网络, 除了输入层和输出层外还有 2 个隐藏层, 而相应的 3 个激活函数包括 2 个 ReLu 和 1 个 Sigmond. 这里的 L1, L2 及 L3 是这 4 层的线性连接, 而 act1, act2 及 act3 代表相应的激活函数.

1. 用 nn.Module 的子类来定义:

```python
from torch import nn
class MLP(nn.Module):
    def __init__(self, n_inputs):
        super(MLP, self).__init__()
        self.L1 = nn.Linear(n_inputs, 10)
        self.act1 = nn.ReLU()
        self.L2 = nn.Linear(10, 8)
        self.act2 = nn.ReLU()
        self.L3 = nn.Linear(8, 1)
        self.act3 = nn.Sigmoid()
    def forward(self, X):
        X = self.L1(X)
        X = self.act1(X)
        X = self.L2(X)
        X = self.act2(X)
```

---

[7] 该数据来自网站: https://archive.ics.uci.edu/ml/datasets/ionosphere.

```
        X = self.L3(X)
        X = self.act3(X)
        return X
```

通过代码:

```
mlp=MLP(34)
print(mlp)
```

得到其结构为:

```
MLP(
  (L1): Linear(in_features=34, out_features=10, bias=True)
  (act1): ReLU()
  (L2): Linear(in_features=10, out_features=8, bias=True)
  (act2): ReLU()
  (L3): Linear(in_features=8, out_features=1, bias=True)
  (act3): Sigmoid()
)
```

2. 直接定义神经网络:

```
from torch import nn
from collections import OrderedDict
H1, H2 = 10, 8
NNS = nn.Sequential(OrderedDict([
        ('L1', nn.Linear(34, H1)),
        ('act1', nn.ReLU()),
        ('L2', nn.Linear(H1, H2)),
        ('act2', nn.ReLU()),
        ('L3', nn.Linear(H2, 1)),
        ('act3', nn.Sigmoid())
      ]))
```

通过代码:

```
print(NNS)
```

得到其结构为:

```
Sequential(
  (L1): Linear(in_features=34, out_features=10, bias=True)
  (act1): ReLU()
  (L2): Linear(in_features=10, out_features=8, bias=True)
  (act2): ReLU()
```

```
    (L3): Linear(in_features=8, out_features=1, bias=True)
    (act3): Sigmoid()
)
```

上面第二个网络完全可以不为各层及激活函数命名 (通过 OrderedDict (有序字典) 命名是为了模仿第一个网络):

```
NNS0 = nn.Sequential(
    nn.Linear(34, H1),
    nn.ReLU(),
    nn.Linear(H1, H2),
    nn.ReLU(),
    nn.Linear(H2, 1),
    nn.Sigmoid()
)
```

除了上面打印的结果, 还可以用实际数据通过前向传播来表明这两个神经网络结构一样. 由于初始权重的随机性, 我们把数据输入, 然后从一个网络复制其参数到另一个, 最后输入自变量数据 (这里是张量 W), 将得到同样的前向传播输出. 下面是查看两个输出是否相同的代码:

```
w=pd.read_csv('ion.csv')
W=w.drop('Class',axis=1)
W=torch.from_numpy(W.values.astype(np.float32))
for target_param, param in zip(NNS.parameters(), mlp.parameters()):
    target_param.data.copy_(param.data)
torch.all(torch.eq(mlp(W),NNS(W)))
```

该代码输出的 tensor(True) 意味着两个网络有同样的结构, 但是前者 (MLP) 是一个 class, 可以加入很多函数, 这对于有些人来说更方便编程.

5.4　深度学习的步骤

在用 PyTorch 做深度学习时有几个步骤:

1. 定义神经网络.
2. 把通常的数据转换成方便使用软件的深度学习格式.
3. 反复训练神经网络、核对神经网络及做预测.

下面通过例 5.1 对有关这些步骤的 PyTorch 实现做具体说明.

5.4.1　定义神经网络

首先输入一些必要的程序包:

```
import os
import torch
import torch.optim as optim
from torch import nn
from torch.utils.data import Dataset, DataLoader, random_split
from torchvision import datasets, transforms
from torch.nn import BCELoss
```

虽然前面 5.3.3 节已经定义了神经网络 MLP, 现在对该网络增加一些函数以扩展成更加方便使用的类. 下面是扩展了的神经网络 MLP:

```
class MLP(nn.Module):
    def __init__(self, n_inputs):
        super(MLP, self).__init__()
        self.L1 = nn.Linear(n_inputs, 10)
        self.act1 = nn.ReLU()
        self.L2 = nn.Linear(10, 8)
        self.act2 = nn.ReLU()
        self.L3 = nn.Linear(8, 1)
        self.act3 = nn.Sigmoid()

    def forward(self, X):
        X = self.L1(X)
        X = self.act1(X)
        X = self.L2(X)
        X = self.act2(X)
        X = self.L3(X)
        X = self.act3(X)
        return X

    # 训练
    def train(self, train_dl, Epoch=500):
        # 损失函数和优化
        criterion = BCELoss()
        optimizer = optim.SGD(self.parameters(), lr=0.01, momentum=0.9)
        for epoch in range(Epoch):
            for i, (inputs, targets) in enumerate(train_dl):
                optimizer.zero_grad() #清除内存的以前梯度
                yhat = self.forward(inputs)
                loss = criterion(yhat, targets) #损失
                loss.backward()
                optimizer.step() #更新

    # 用测试集评估网络
```

```
def evaluate(self, test_dl):
    predictions, actuals = list(), list()
    for i, (inputs, targets) in enumerate(test_dl):
        yhat = self.forward(inputs)
        yhat = yhat.detach().numpy()
        actual = targets.numpy()
        actual = actual.reshape((len(actual), 1))
        yhat = yhat.round()
        predictions.append(yhat)
        actuals.append(actual)
    predictions, actuals = np.vstack(predictions), np.vstack(actuals)
    acc = (actuals==predictions).sum()/len(actuals)
    return acc
```

除了 5.3.3 节解释的神经网络部分外, 增加的两个函数解释如下:

1. 函数 train: 该函数实现深度学习的主要训练过程. 其中:

   (1) BCELoss() 创建一个衡量目标和输入概率之间的二元交叉熵的标准, 是 PyTorch 自带的损失函数 ($\{y_n\}$ 代表目标值, $\{\hat{y}_n\}$ 代表预测值):

$$\ell(\hat{y}, y) = \{l_1, l_2, \ldots, l_N\}^\top, l_n = -w_n[y_n \log \hat{y}_n + (1 - y_n) \log(1 - \hat{y}_n)],$$

   这里 N 为批次量.[8]

   (2) SGD 是 PyTorch 的实现随机梯度下降的优化方法. 变元为 θ (网络参数)、γ (学习率, lr) 及 μ (惯量, momentum) 等. 其目的为在每次迭代中更新网络权重 θ.[9]

   (3) 一共要经过指定次数的重复学习 (每次称为一个纪元), 在每个纪元中, 要抽取一定量 (批次量) 的训练集数据 (train_dl) 来训练神经网络. 体现在基于 train_dl 的循环中.

   - optimizer.zero_grad() 是清除前一次迭代留下来的梯度.
   - 从前向传播得到预测值 yhat ($\hat{y}$).
   - 利用 BCELoss() 计算损失 (loss), 并进行反向传播 (loss.backward()).
   - 通过 optimizer.step() 做参数更新.

2. 函数 evaluate 输入的变量为测试集 test_dl, 输出的是预测精度. 具体步骤如下:

   (1) 通过由训练集训练出来的网络算出预测值 $\hat{y}$ (yhat).

   (2) 从测试集 test_dl 取出目标值 (真实的 y).

   (3) 计算 $\hat{y}$ 和 y 相同的比例, 即所谓精确度.

5.4.2 转换数据成训练需要的格式

在 5.4.1 节中, 出现了训练集 train_dl 及测试集 test_dl. 这两个集合可以按照批次提取使用. 人们不禁要问:

1. 如何从原始的 csv 数据文件得到这两个集合?

---

[8]细节请看 PyTorch 官网 https://pytorch.org/docs/stable/generated/torch.nn.BCELoss.html.
[9]细节请看 PyTorch 官网 https://pytorch.org/docs/stable/generated/torch.optim.SGD.html.

2. 它们有什么性质?

为了实现从 csv 文件到 PyTorch 深度学习的方便使用数据的转化, 我们利用 PyTorch 的 class Dataset 建立下面的子类:

```python
class CSV2DL(Dataset):
    def __init__(self, csv_path, transform=None):
        df = pd.read_csv(csv_path)
        if df.iloc[:,-1].dtypes!='int':
            self.y=(1-df.iloc[:,-1].factorize()[0]).reshape(len(df),1)
        else :
            self.y=df.iloc[:,-1].values.reshape(len(df),1)
        self.X = df.iloc[:,:-1].values
        self.X=torch.tensor(self.X,dtype=torch.float32)
        self.y=torch.tensor(self.y,dtype=torch.float32)

    def __getitem__(self, idx):
        return [self.X[idx], self.y[idx]]

    def __len__(self):
        return len(self.X)

    def prepare_data(self, p_test=0.33):
        test_size = round(p_test * len(self.X))
        train_size = len(self.X) - test_size
        train, test = random_split(self, [train_size, test_size])
        train_dl = DataLoader(train, batch_size=32, shuffle=True)
        test_dl = DataLoader(test, batch_size=len(test), shuffle=False)
        return train_dl, test_dl
```

上面的自定义数据集类中必须实现三个函数: __init__、__len__ 和 __getitem__. 下面解释其要点:

1. 在 CSV2DL 的第一部分 (_init_) 读取 csv 文件, 并确立自变量 (self.X) 和因变量 (self.y), 它们在内部由 self 来代表 (通过 __getitem__). 对于例 5.1, 如果使用 ion.csv 数据文件则须把字符的因变量转换成整数, 如使用 ion2.csv 则不用转换. 其最后两行可用 self.X.astype('float32') 和 self.y.astype('float32') 代替, 而不必转换成 tensor 类型, 但两个变量数据转换成浮点类型是神经网络计算所必需的.

2. __getitem__ 在内部说明了该数据的结构, 这里是自变量和因变量两个.

3. __len__ 在内部确定样本量.

4. 函数 prepare_data 是把数据分成训练集和测试集并通过 PyTorch 的 DataLoader 把这两部分按照批次量包装成方便使用的形式:

    (1) 把数据分成训练集和测试集两部分, 其中测试集占的比例为 p_test, 并且生成训练集及测试集的样本量 (train_size 及 test_size).

(2) 通过函数 random_split 得到训练集 (train) 和测试集 (test).

(3) 通过输入批次量 (batch_size) 和是否要扰动 (shuffle, "洗牌") 把训练集 (train) 和测试集 (test) 包装成 DataLoader 类型的数据. 这里测试集就做一次, 而训练的时候需要多批次重复迭代. 最后生成名为 train_dl 和 test_dl 的两个数据集.

(4) 如何查看在函数 MLP.train 中自动使用的诸如 train_dl 的 DataLoader 类型的数据呢? 下面解释一下:

- 如果使用代码 Train=list(iter(train_dl)) 生成一个 list, 则 Train 每个元素是一个批次的数据. 比如 Train[0] 是第 0 批次的自变量和因变量, 其中 Train[0][0] 为该批次的 32×34 的自变量数据, 而 Train[0][1] 为该批次的 32×1 的因变量数据, 都是可以打印出来的.

- 如果使用下面的自编函数:

```
def transfer_dataloader(dataloader, index=0):
    cache_list = list(iter(dataloader))
    assert len(cache_list) > 0
    assert index < len(cache_list[0])
    result_list=np.array(list(map(lambda x: x[index].numpy(),
                                  cache_list)))
    return result_list
```

输入代码 (前面 4 行代码是 5.4.3 节第一块生成文件 train_dl 的代码部分):

```
path='ion2.csv' # 数据文件及路径
dataset = CSV2DL(path) #读取数据
torch.manual_seed(1010); np.random.seed(1010) # 设随机种子
train_dl, test_dl= dataset.prepare_data() # 准备两个数据集

dl_train=transfer_dataloader(train_dl)
for i in dl_train:
    print(i.shape, end=' ')
```

则输出该数据按批次的分配维度 (注意原数据除以批次的余数是 11):

```
(32, 34) (32, 34) (32, 34) (32, 34) (32, 34) (32, 34) (32, 34) (11, 34)
```

5.4.3　训练并评估结果

训练和评估对测试集的拟合精度代码为:

```
path='ion2.csv' # 数据文件及路径
dataset = CSV2DL(path) #读取数据
torch.manual_seed(1010);  np.random.seed(1010) # 设随机种子使其可重复
train_dl, test_dl= dataset.prepare_data() # 准备两个数据集
```

174 强化学习入门 —— 基于 Python
```
mlp=MLP(34)  # 定义网络(输入自变量有34个变量)
mlp.train(train_dl,Epoch=500)  # 训练500次 (非深度网络只做一次)
acc = mlp.evaluate(test_dl)  # 对测试集的预测精度
print('Accuracy for test set: %.3f' % acc) #打印
```

输出的测试集精确度为:

```
Accuracy for test set: 0.931
```

当然还可以对其他数据集做预测,比如,对整个数据集(包括训练集及测试集)做预测:

```
yh=mlp(data.X)  # 通过训练好的网络预测
print('Accuracy for full data: %.3f'
     %(sum(yh.round()==data.y)/len(data)).detach().numpy()[0])
```

输出为:

```
Accuracy for full data: 0.977
```

第6章 回顾一些数学知识 *

本章仅仅作为回顾或参考,给出可能会遇到的某些数学概念和一些现有结论,少数结论还附有证明,在需要时查看即可. 此外,本章有些内容和前面重复,但这里完全从数学角度出发,采用遵从数学逻辑和习惯的符号体系. 比如,在马尔可夫决策理论中的状态就多使用符号 x (或 x_t) 来表示状态,而不是前面的 s (或 s_t). 虽然本章内容并不系统,但这里的概念尽量自给自足,也就是说,后面出现的概念和术语,前面都定义过. 本章的内容中多数属于标准的数学课程内容,对于想了解数学细节的读者,有数不胜数的参考文献可以去搜寻.

这里的数学仅反映了强化学习的部分理论背景,很多内容没有包括进来. 比如,这里提到的 Bellman 方程的一些最优性质,在涉及深度学习神经网络的强化学习中就不成立了. 有些强化学习方法可能根本不属于马尔可夫决策过程.

6.1 条件概率和条件期望

定义 6.1 如果有两个事件 A 和 B, 而且 $P(B) > 0$, 则在给定 B 的条件下, 事件 A 的条件概率为:

$$P(A|B) = \frac{P(A \cup B)}{P(B)}.$$

类似地, 如果 $X \in \Omega_x$ 和 $Y \in \Omega_y$ 是非退化的, 具有联合连续分布 $f_{X,Y}(x,y)$, 那么, 如果 B 是 Y 的正支撑 (正支撑的条件是: $P(Y \in B) > 0$), 则条件密度为:

$$P(X \in A|Y \in B) = \frac{\int_{y \in B} \int_{x \in A} f_{X,Y}(x,y) \mathrm{d}x \mathrm{d}y}{\int_{y \in B} \int_{x \in \Omega_x} f_{X,Y}(x,y) \mathrm{d}x \mathrm{d}y}.$$

定义 6.2 全期望定律. 给定函数 f 和两个随机变量 X 和 Y, 有

$$E_{X,Y}[f(X,Y)] = E_X\left[E_Y[f(x,Y)|X=x]\right].$$

6.2 范数和收缩

在数学中, **范数** (norm) 是从实数或复数向量空间投影到到非负实数 ($\mathbb{C} \mapsto \mathbb{R}^+$) 的函数, 一个**赋范向量空间** (normed vector space) 或**赋范空间** (normed space) 是一个定义了范数的实数或复数的向量空间. 如果定义了范数 $\|\cdot\|$ 的向量空间为 X, 则相应的赋范空间记为 $(X, \|\cdot\|)$. 范数是现实世界中直观的 "长度" 概念对真实向量空间的形式化和推广. 范数是定义在向量空间上的实值函数, 下面是范数的定义.

定义 6.3 范数. 已给一个在复数域 $\mathbb{C}$ 的一个子域 $\mathcal{F}$ 上的向量空间 X, 在 X 上的范数是一个实值函数 (投影) $f: X \to \mathbb{R}^+$ (通常记函数 $f(\cdot) \equiv \|\cdot\|$), 有下面的性质:

1. 三角不等式 (次可加性): $f(\boldsymbol{x} + \boldsymbol{y}) \leqslant f(\boldsymbol{x}) + f(\boldsymbol{y}), \ \forall \boldsymbol{x}, \boldsymbol{y} \in X$.

2. 绝对齐次性 (s 是一个标量): $f(s\boldsymbol{x}) = |s|\, f(\boldsymbol{x}), \ \forall \boldsymbol{x}, \boldsymbol{y} \in X.$

3. 正定性 (点分离性): $f(\boldsymbol{x}) = 0 \Longrightarrow \boldsymbol{x} = \boldsymbol{0}, \ \forall \boldsymbol{x}, \boldsymbol{y} \in X$, 或者等价地 (由上款), $f(\boldsymbol{x}) = 0 \Longleftrightarrow \boldsymbol{x} = \boldsymbol{0}, \ \forall \boldsymbol{x}, \boldsymbol{y} \in X.$

三角不等式的另一种形式为 $f(\boldsymbol{x} - \boldsymbol{y}) \geqslant |f(\boldsymbol{x}) - f(\boldsymbol{y})|, \ \forall \boldsymbol{x}, \boldsymbol{y} \in X.$

有限维向量范数例子

在赋范空间 $(X, \|\cdot\|)$ 中, 记向量 $\boldsymbol{x} = (x_1, x_2, \dots, x_d)$, $\boldsymbol{\mu} = (\mu_1, \mu_2, \dots, \mu_d)$, 常用的范数包括:

- L_p 范数 (p-norm, ℓ_p-norm):

$$\|\boldsymbol{x}\|_p \equiv \left(\sum_{i=1}^{d} |x_i|^p \right)^{1/p}, \quad p \geqslant 1.$$

在 $p = 1$ 时, L_1 范数也称为出租车 (taxicab) 范数, 当 $p = 2$ 时, L_2 范数为欧几里得 (Euclidean) 范数, 当 $p \to \infty$ 时称为 L_∞ 范数或最大范数.

- L_∞ 范数 (infinity-norm, maximum-norm):

$$\|\boldsymbol{x}\|_\infty \equiv \max_i |x_i|.$$

- $L_{\mu,p}$ 范数:

$$\|\boldsymbol{x}\|_{\mu,p} \equiv \left(\sum_{i=1}^{d} \frac{|x_i|^p}{\mu_i} \right)^{1/p}, \quad p \geqslant 1.$$

- $L_{\mu,\infty}$ 范数:

$$\|\boldsymbol{x}\|_{\mu,\infty} \equiv \max_i \frac{|x_i|}{\mu_i}.$$

- $L_{2,P}$ 矩阵范数 ($\boldsymbol{P}$ 为正定矩阵):

$$\|\boldsymbol{x}\|_{2,P} \equiv \|\boldsymbol{x}^\top \boldsymbol{P} \boldsymbol{x}\|^2.$$

定义距离

$$d(\boldsymbol{x}, \boldsymbol{y}) \equiv \|\boldsymbol{x} - \boldsymbol{y}\|,$$

这使得任意赋范空间成为**度量空间** (metric space). 而度量 d 也称为**典则度量** (canonical metric) 或**范数导出度量** (norm induced metric). 比如上面的赋范空间 $(X, \|\cdot\|)$ 在定义了距离 d 之后就成为度量空间 $(X.d)$. 一个常识为:

$$拓扑空间 \supset 度量空间 \supset 赋范向量空间 \supset 内积空间.$$

定义 6.4 依范数收敛. 对于在度量空间 $(X.d)$ 中的向量序列 $\boldsymbol{x}_n$, 如果满足

$$\lim_{n \to \infty} \|\boldsymbol{x}_n - \boldsymbol{x}\| = 0,$$

或 $\lim_{n \to \infty} d(\boldsymbol{x}_n, \boldsymbol{x}) = 0$, 则称 $\boldsymbol{x}_n$ 按范数 $\|\cdot\|$ 收敛到 $\boldsymbol{x} \in X$.

定义 6.5 Cauchy 序列. 对于在度量空间 $(X.d)$ 中的向量序列 $\boldsymbol{x}_n = (\boldsymbol{x}_1, \boldsymbol{x}_2, \dots, \boldsymbol{x}_n)$, 如果对每个正实数 $\epsilon > 0$, 存在一个正数 N, 使得

$$d(\boldsymbol{x}_n, \boldsymbol{x}_m) < \epsilon, \ \forall m, n > N,$$

或

$$\lim_{n\to\infty}\sup_{m\geqslant n}\|\boldsymbol{x}_n-\boldsymbol{x}_m\|=0,$$

则称 $\boldsymbol{x}_n$ 为 Cauchy 序列.

定义 6.6 完备空间. 如果度量空间 (X,d) 中的每个 Cauchy 序列都收敛到某 $\boldsymbol{x}\in X$, 则该度量空间称为**完备的** (complete). 完备赋范空间也称为 **Banach 空间** (Banach space).

定义 6.6 说明在完备空间要求每个 Cauchy 序列收敛到空间 X 的内点.

定义 6.7 Lipschitz 连续. 对于两个度量空间 (X,d_X) 和 (Y,d_Y), 函数 $f:X\mapsto Y$ 称为 Lipschitz 连续, 如果存在一个实数 $K\geqslant 0$, 使得

$$d_Y(f(\boldsymbol{x}_1),f(\boldsymbol{x}_2))\leqslant Kd_X(\boldsymbol{x}_1,\boldsymbol{x}_2),\ \forall \boldsymbol{x}_1,\boldsymbol{x}_2\in X,$$

这个 K 称为关于 f 的 **Lipschitz 常数**, 也称 f 为 K-Lipschitz. 最小的 Lipschitz 常数有时称为最好的 (best) Lipschitz 常数. 如果 $K=1$, 函数 f 称为**短投影** (short map); 如果 $K\leqslant 1$, 函数 f 称为**不扩展** (non-expansion); 如果 $K<1$ 而且 f 把度量空间投影到自身, 函数 f 称为 K-**收缩** (K-contraction).

如果 f 是 Lipschitz, 则其为连续的, 即

$$\lim_{n\to\infty}\|\boldsymbol{x}_n-\boldsymbol{x}\|=0\Rightarrow \lim_{n\to\infty}\|f(\boldsymbol{x})_n-f(\boldsymbol{x})\|=0.$$

定义 6.8 固定点. 对于函数 $f:X\mapsto X$, 如果 $f(\boldsymbol{x})=\boldsymbol{x}$, 则向量 $\boldsymbol{x}\in X$ 称为函数 f 的**固定点** (fixed point) 或**不变点** (invariant point).

定理 6.1 Banach 固定点定理. 令度量空间 (X,d) 为范数 $\|\cdot\|$ 导出的 Banach 空间, 函数 $f:X\mapsto X$ 是 K 收缩投影, 即满足 $d(f(\boldsymbol{x}),f(\boldsymbol{y}))\leqslant Kd(\boldsymbol{x},\boldsymbol{y})$, $K\in[0,1)$. 那么:

1. f 有一个唯一固定点 $\boldsymbol{x}^*$.
2. 对任意的 $\boldsymbol{x}_0\in X$, 对于 $n\geqslant 1$, 定义序列 $\{\boldsymbol{x}_n\}_{n\in\mathbb{N}}$: $\boldsymbol{x}_n=f(\boldsymbol{x}_{n-1})$, 那么,

$$\lim_{n\to\infty}d(\boldsymbol{x}_n,\boldsymbol{x}^*)=\lim_{n\to\infty}\|\boldsymbol{x}_n-\boldsymbol{x}^*\|=0,$$

而且有几何收敛性:

$$\|\boldsymbol{x}_n-\boldsymbol{x}^*\|\leqslant K^n\|\boldsymbol{x}_0-\boldsymbol{x}^*\|.$$

固定点定理的备注:

1. 下面的不等式等价, 并描述了收敛速度:

$$d(\boldsymbol{x}^*,\boldsymbol{x}_n)\leqslant\frac{K^n}{1-K}d(\boldsymbol{x}_1,\boldsymbol{x}_0),$$
$$d(\boldsymbol{x}^*,\boldsymbol{x}_{n+1})\leqslant\frac{K}{1-K}d(\boldsymbol{x}_{n+1},\boldsymbol{x}_n),$$
$$d(\boldsymbol{x}^*,\boldsymbol{x}_{n+1})\leqslant Kd(\boldsymbol{x}^*,\boldsymbol{x}_n).$$

2. $d(f(\boldsymbol{x}),f(\boldsymbol{y}))<d(\boldsymbol{x},\boldsymbol{y})$, $\forall \boldsymbol{x}\neq\boldsymbol{y}$ 一般不足以保证固定点的存在, 如缺少固定点的投影 $f:[1,\infty)\mapsto[1,\infty)$, $f(x)=x+1/x$. 然而, 如果 X 是紧致的 (compact)[1], 则意味着固定

---

[1] 一个度量空间 (X,d) 是**紧致的**或是**紧的** (compact)(等价的) 定义有很多种, 其中 (使用其他概念较少的) 一个是: 每一个 X 中的序列都有一个极限属于 X 的子序列. 紧致性 (compactness) 最初描述的是欧氏空间中的有界闭集.

点的存在和唯一性.

3. 使用固定点定理必须要定义 X, 使得 $f(X) \subseteq X$.

6.3 线性代数

6.3.1 特征值和特征向量

考虑 $N \times N$ 矩阵 $\boldsymbol{A} \in \mathbb{R}^{N \times N}$:

- 对于向量 $\boldsymbol{v} \in \mathbb{R}^N$ 及 $\lambda \in \mathbb{R}$, 如果

$$\boldsymbol{A}\boldsymbol{v} = \lambda \boldsymbol{v},$$

则分别称 $\boldsymbol{v}$ 和 λ 为 $\boldsymbol{A}$ 的**特征向量** (eigenvector) 及**特征值**或**特征根** (eigenvalue).

- 如果矩阵 $\boldsymbol{A}$ 有特征值 $\lambda_1, \lambda_2, , \ldots, \lambda_N$, 那么, $\boldsymbol{B} = (\boldsymbol{I} - \alpha\boldsymbol{A})$ 有特征值 $\mu_1, \mu_2, , \ldots, \mu_N$, 这里

$$\mu_i = 1 - \alpha\lambda_i.$$

- 矩阵 $\boldsymbol{A}$ 存在逆矩阵的必要充分条件为 $\lambda_i \neq 0, \ \forall i$.

6.3.2 随机矩阵

定义 6.9 矩阵 $\boldsymbol{P} = \{P_{ij}\}_{i,j=1}^N \in \mathbb{R}^{N \times N}$ 如果是马尔可夫链的转移矩阵 (见下节), 即

1. 所有元素都非负, 即 $P_{ij} \geqslant 0, \ \forall i, j$;
2. 所有行和为 1: $\sum_{j=1}^N P_{ij} = 1, \ \forall i, j$,

那么称 $\boldsymbol{P}$ 为**随机矩阵** (stochastic matrix).

随机矩阵的所有特征值都以 1 为上界, 即 $\lambda_i \leqslant 1, \ \forall i$.

6.4 马尔可夫决策过程

6.4.1 马尔可夫链和马尔可夫决策过程

定义 6.10 令状态空间 X 为欧几里得空间的有界紧子集 (有界闭集), 离散时间动态系统 $\{x_t\}_{t \in \mathbb{N}}$ 是一个马尔可夫链 (Markov chain), 如果其满足马尔可夫性

$$P(x_{t+1} = x | x_t, x_{t-1}, \ldots, x_0) = P(x_{t+1} = x | x_t).$$

给出初始状态 $x_0 \in X$, 一个马尔可夫链被转移概率 p 确定:

$$p(y|x) = P(x_{t+1} = y | x_t = x).$$

有限状态 (比如 $(s_1, s_2, \ldots, s_N)$) 的转移概率矩阵定义为随机矩阵 $\boldsymbol{P} = \{P_{ij}\}_{i,i=1}^N$, 这里

$$P_{ij} = P(x_{t+1} = s_j | x_t = s_i), \ \forall i, j = 1, 2, \ldots, N.$$

$$\sum_{j=1}^N P_{ij} = 1, \ \forall i, j.$$

定义 6.11 **马尔可夫决策过程** (Markov decision process) 定义为多元组 $M = (X, A, p, r)$, 这里的 X 是状态空间; A 是行动空间; $p(y|x, a)$ 是转移概率,

$$p(y|x, a) = P(x_{t+1} = y | x_t = x, a_t = a);$$

$r(x,a,y)$ 是从状态 x 根据行动 a 转移到 y 的奖励.

6.4.2 策略

定义 6.12 决策规则 (decision rule) π_t 可以是:

- 确定性的 (deterministic): $\pi_t : X \to A$;
- 随机性的 (stochastic): $\pi_t : X \to \delta(A)$, 这里的 δ 代表某概率测度.

策略 (policy, strategy, plan) π 可以是:

- 非平稳的 (non-stationary): $\pi = (\pi_0, \pi_1, \pi_2, \dots)$;
- 平稳的 (stationary): $\pi = (\pi, \pi, \pi, \dots)$.

马尔可夫决策过程的平稳策略意味着一个马尔可夫链, 有转移概率

$$p(y|x) = p(y|x, \pi(x)).$$

6.4.3 关于时间视界的优化

状态价值函数 (state-action value function) 或 **V 函数** (Q-function) 为映射 $v^\pi : X \mapsto \mathbb{R}$, 下面介绍其多种形式:

- 有限时间视界 T: 时间具有最大值 T, 代理只关注视界 T 的奖励总和.

$$v^\pi(t,x) = E\left[\sum_{s=t}^{T-1} r(x_s, \pi_s(x_s)) + R(x_T) \middle| x_t = x, \pi\right].$$

这里 $R(x_T)$ 是最后一步的价值函数.

- 带折扣的无限时间视界: 没有终止时间 $(T = \infty)$, 但时间越近, 奖励越重要.

$$v^\pi(x) = E\left[\sum_{t=0}^{\infty} \gamma^t r(x_t, \pi(x_t)) \middle| x_0 = x, \pi\right].$$

式中, 折扣 $(0 \leqslant \gamma < 1)$ 的大小是对长期奖励重要性的某种度量. 只要奖励有界, 价值序列总是收敛的.

- 具有终止状态的无限时间视界: 问题永远不会终止, 但代理最终会达到终止状态.

$$v^\pi(x) = E\left[\sum_{t=0}^{T} r(x_t, \pi(x_t)) \middle| x_0 = x, \pi\right].$$

式中, T 是第一个到达终止状态的随机时间.

- 具有平均奖励的无限时间视界: 问题永远不会终止, 但代理只关注期望平均奖励.

$$v^\pi(x) = \lim_{T \to \infty} E\left[\frac{1}{T} \sum_{t=0}^{T-1} r(x_t, \pi(x_t)) \middle| x_0 = x, \pi\right].$$

上面的 (数学) 期望涉及所有可能的随机轨迹. 从状态 x_0 开始应用非平稳策略 π 所形成的 (状态及奖励) 轨迹为:

$$(x_0, r_0, x_1, r_1, x_2, r_2, \dots),$$

这里的 $r_t = r(x_t, \pi_t(x_t))$, 而 $x_t \sim p(\cdot|x_{t-1}, a_t = \pi(x_t))$ 为随机实现. 因此, 有折扣的无限视

界情况的价值函数为:

$$v^\pi(x) = E_{(x_1, x_2, \ldots)} \left[\sum_{t=0}^{\infty} \gamma^t r(x_t, \pi(x_t)) \middle| x_0 = x, \pi \right].$$

定义 6.13 MDP 的解是一个**最优策略** (optimal policy) π^*, 满足

$$\pi^* \in \arg\max_{\pi \in \Pi} v^\pi, \ \forall x \in X,$$

这里 Π 为关心的策略子集. 相应的**最优价值函数** (optimal value function) 为:

$$v^* = v^{\pi^*}.$$

定义 6.14 在无限视界折扣问题中, 对任何策略 π, **状态 – 行动价值函数** (state-action value function) 或 **Q 函数** (Q-function) 为映射 $q^\pi : X \times A \mapsto \mathbb{R}$:

$$q^\pi(x, a) = E \left[\sum_{t \geqslant 0} \gamma^t r(x_t, a_t) \middle| x_0 = x, a_0 = a, a_t = \pi(x_t), \forall t \geqslant 1 \right],$$

相应的**最优 Q 函数** (optimal Q-function) 为:

$$q^*(x, a) = \max_\pi q^\pi(x, a).$$

在价值函数和 Q 函数之间的关系为 (这里涉及 6.5 节的 Bellman 方程):

$$q^\pi(x, a) = r(x, a) + \gamma \sum_{y \in X} p(y|x, a) v^\pi(y),$$

$$v^\pi(x) = q^\pi(x, \pi(x)),$$

$$q^*(x, a) = r(x, a) + \gamma \sum_{y \in X} p(y|x, a) v^*(y),$$

$$v^*(x) = q^*(x, \pi^*(x)) = \max_{a \in A} q^*(x, a).$$

6.5 Bellman 方程

6.5.1 有折扣无限视界问题的 Bellman 问题

命题 6.1 对于平稳策略 $\pi = (\pi, \pi, \ldots)$, 状态价值函数在状态 $x \in X$ 满足 Bellman 方程:

$$v^\pi(x) = r(x, \pi(x)) + \gamma \sum_y p(y|x, \pi(x)) v^\pi(y).$$

证明: 对任何策略 π,

$$v^\pi(x) = E \left[\sum_{t \geqslant 0} \gamma^t r(x_t, \pi(x_t)) \middle| x_0 = x, \pi \right] = r(x, \pi(x)) + E \left[\sum_{t \geqslant 1} \gamma^t r(x_t, \pi(x_t)) \middle| x_0 = x, \pi \right]$$

$$= r(x, \pi(x)) + \gamma \sum_y P(x_1 = y | x_0 = x, \pi(x_0)) E \left[\sum_{t \geqslant 1} \gamma^{t-1} r(x_t, \pi(x_t)) \middle| x_1 = y, \pi \right]$$

$$= r(x, \pi(x)) + \gamma \sum_y p(y|x, \pi(x)) v^\pi(y).$$

Bellman 最优准则[2]为: "最优策略具有这样的性质, 即无论初始状态和初始决策是什么, 其余决策必须构成关于由第一个决策产生的状态的最优策略."

命题 6.2 最优价值函数 v^* ($= \max_\pi v^\pi$) 是下面最优 Bellman 方程的解:

$$v^*(x) = \max_{a \in A} \left[r(x,a) + \gamma \sum_y p(y|x,a)v^*(y) \right].$$

最优策略为:

$$\pi^*(x) \in \arg\max_{\pi \in \Pi} \left[r(x,\pi(x)) + \gamma \sum_y p(y|x,\pi(x))v^*(y), \ \forall x \in X \right].$$

证明: 对于任何策略 $\pi = (a, \pi')$ (可能是非平稳的),

$$v^*(x) = \max_\pi E\left[\sum_{t \geq 0} \gamma^t r(x_t, \pi(x_t)) \bigg| x_0 = x, \pi \right] = \max_{(a,\pi')} \left[r(x,a) + \gamma \sum_y p(y|x,a)v^{\pi'}(y) \right]$$

$$= \max_a \left[r(x,a) + \gamma \sum_y p(y|x,a) \max_{\pi'} v^{\pi'}(y) \right] = \max_a \left[r(x,a) + \gamma \sum_y p(y|x,a)v^*(y) \right].$$

前面基于 Bellman 方程的 V 函数和 Q 函数 (均为投影 $X \mapsto \mathbb{R}$) 都有类似的规律, 在讨论其性质时, 重复表示有些繁琐, 为此可以定义一个从一个函数 (投影) 投影到另一个函数 (投影) 的算子. 下面定义对 V 函数的投影算子. 考虑离散状态空间为 N 维实数空间 $\mathbb{R}^N$ 的情况, 即 $|X| = N$.

定义 6.15 对任何 V 函数 $v : \mathbb{R}^N \mapsto \mathbb{R}^N$, 把一个投影投影到另一个投影的 (为策略 π 的) **Bellman 算子** (Bellman operator) $\mathcal{T}^\pi : (\mathbb{R}^N \mapsto \mathbb{R}^N) \mapsto (\mathbb{R}^N \mapsto \mathbb{R}^N)$ 为:

$$\mathcal{T}^\pi v(x) = r(x,\pi(x)) + \gamma \sum_y p(y|x,\pi(x))v(y),$$

最优 Bellman 算子 (optimal Bellman operator) 或**动态规划算子** (dynamic programming operator) 为:

$$\mathcal{T}^* v(x) = \max_{a \in A} \left[r(x,a) + \gamma \sum_y p(y|x,a)v(y) \right].$$

类似地, 可以对 Q 函数定义 Bellman 算子.

定义 6.16 对任何 Q 函数 $q : \mathbb{R}^N \times A \mapsto \mathbb{R}^N$, 把一个投影投影到另一个投影的 (为策略 π 的)**Bellman 算子** (Bellman operator) $\mathcal{T}^\pi : (\mathbb{R}^N \times A \mapsto \mathbb{R}^N) \mapsto (\mathbb{R}^N \times A \mapsto \mathbb{R}^N)$ 为:

$$\mathcal{T}^\pi q(x,a) = r(x,a) + \gamma \sum_y p(y|x,a)q(y,\pi(y)).$$

因此, 可以把关于策略 π 的 Bellman 方程写成

$$\mathcal{T}^\pi v^\pi = v^\pi; \ \mathcal{T}^\pi q^\pi = q^\pi.$$

下面对定义 6.15 中的 Bellman 算子做一些讨论, 它与定义 6.16 中的对 Q 函数定义的 Bellman 算子完全平行.

[2]Bellman, R. E. *Dynamic Programming*. Princeton University Press, Princeton, N.J., 1957.

命题 6.3 Bellman 算子的性质:

1. $\mathcal{T}^\pi$ 和 $\mathcal{T}^*$ 是**单调的** (monotonic): 对任何 v_1, v_2, 如果按元素有 $v_1 \leqslant v_2$ (即 $v_1(x) \leqslant v_2(x),\ \forall x \in X$), 则

$$\mathcal{T}^\pi v_1 \leqslant \mathcal{T}^\pi v_2; \quad \mathcal{T}^* v_1 \leqslant \mathcal{T}^* v_2.$$

2. 对任何标量 $c \in \mathbb{R}$,

$$\mathcal{T}^\pi(v + c I_N) = \mathcal{T}^\pi v + \gamma c I_N; \quad \mathcal{T}^*(v + c I_N) = \mathcal{T}^* v + \gamma c I_N.$$

3. L_∞ 范数的 γ 收缩: 对任何 v_1, v_2,

$$\|\mathcal{T}^\pi v_1 - \mathcal{T}^\pi v_2\|_\infty \leqslant \gamma \|v_1 - v_2\|_\infty,$$
$$\|\mathcal{T}^* v_1 - \mathcal{T}^* v_2\|_\infty \leqslant \gamma \|v_1 - v_2\|_\infty.$$

4. 根据定理 6.1, 存在固定点: 对任何策略 π,

$$v^\pi \text{ 是 } \mathcal{T}^\pi \text{ 的唯一固定点}.$$
$$v^* \text{ 是 } \mathcal{T}^* \text{ 的唯一固定点}.$$

而且对任何 v 和任何平稳策略 π,

$$\lim_{k\to\infty}(\mathcal{T}^\pi)^k v = v^\pi; \quad \lim_{k\to\infty}(\mathcal{T}^*)^k v = v^*.$$

证明: 收缩性质 (上面第 3 款) 的证明. 对任何 $x \in X$, 有

$$\|\mathcal{T}^* v_1(x) - \mathcal{T}^* v_2(x)\|$$
$$= \left\|\max_a\left[r(x,a) + \gamma\sum_y p(y|x,a)v_1(y)\right] - \max_{a'}\left[r(x,a') + \gamma\sum_y p(y|x,a')v_2(y)\right]\right\|$$
$$\leqslant \max_a\left\|\left[r(x,a) + \gamma\sum_y p(y|x,a)v_1(y)\right] - \left[r(x,a) + \gamma\sum_y p(y|x,a)v_2(y)\right]\right\|$$
$$= \gamma\max_a\sum_y p(y|x,a)\|v_1(y) - v_2(y)\|$$
$$\leqslant \gamma\|v_1 - v_2\|_\infty\max_a\sum_y p(y|x,a) = \gamma\|v_1 - v_2\|_\infty.$$

上面第一个不等式使用了下面的事实:

$$\max_a f(a) - \max_{a'} g(a') \leqslant \max_a(f(a) - g(a)).$$

6.5.2 无折扣无限视界问题的 Bellman 问题

在无折扣无限视界问题中, 价值函数为:

$$v^\pi(x) = E\left[\sum_{t=0}^T r(x_t, \pi(x_t))\,\middle|\, x_0 = x, \pi\right],$$

这里 T 为代理第一次到达终结状态的随机时间.

定义 6.17 平稳策略 π 称为**恰当的** (proper), 如果 $\exists n \in N$ 使得 $\forall x \in X$ 在 n 步之后达到终结

状态 $\bar{x}$ 的概率是严格正的, 即

$$\rho_\pi = \max_x P(x_n \neq \bar{x}|x_0 = x, \pi) < 1.$$

命题 6.4 对任何具有参数 ρ_π 的恰当策略 π 在 n 步之后, 价值函数是有界的:

$$\|v^\pi\|_\infty \leqslant r_{\max} \sum_{t \geqslant 0} \rho_\pi^{[t/n]}.$$

证明: 按照恰当策略的定义,

$$P(x_{2n} \neq \bar{x}|x_0 = x, \pi) = P(x_{2n} \neq \bar{x}|x_n \neq \bar{x}, \pi)P(x_n \neq \bar{x}|x_0 = x, \pi) \leqslant \rho_\pi^2.$$

那么, 对任何 $t \in N$,

$$P(x_t \neq \bar{x}|x_0 = x, \pi) \leqslant \rho_\pi^{[t/n]}.$$

这意味着到达终结状态 $\bar{x}$ 的概率为 1. 因此

$$\|v^\pi\|_\infty = \max_{x \in X} E\left[\sum_{t=0}^\infty r(x_t, \pi(x_t))\bigg| x_0 = x, \pi\right] \leqslant r_{\max} \sum_{t>0} P(x \neq \bar{x}|x_0 = x, \pi)$$

$$\leqslant nr_{\max} + r_{\max} \sum_{t \geqslant n} \rho_\pi^{[t/n]}.$$

假定 6.1 存在至少一个恰当策略, 而且对于任意非恰当策略 π 存在至少一个状态 x, 使得 $v^\pi(x) = -\infty$ (只有负奖励的循环).

命题 6.5 在假定 6.1 下, 最优价值函数是有界的, 即 $\|v^*\|_\infty < \infty$, 而且是最优 Bellman 算子 $\mathcal{T}^*$ 的唯一固定点, 使得对任何 v,

$$\mathcal{T}^*v(x) = \max_{a \in A}\left[r(x, a) + \sum_y p(y|x, a)v(y)\right],$$

而且

$$v^* = \lim_{k \to \infty} (\mathcal{T}^*)^k v.$$

令所有策略 π 均为恰当, 则存在 $\mu \in \mathbb{R}^N$ $(\mu > 0)$ 及标量 $\beta < 1$ 使得 $\forall x, y \in X, \forall a \in A$,

$$\sum_y p(y|x, a)\mu(y) \leqslant \beta\mu(x).$$

于是 $\mathcal{T}^*$ 和 $\mathcal{T}^\pi$ 两个算子都在加权范数 $L_{\infty,\mu}$ 下是收缩的, 即

$$\|\mathcal{T}^*v_1 - \mathcal{T}^*v_2\|_{\infty,\mu} \leqslant \beta\|v_1 - v_2\|_{\infty,\mu}.$$

证明: 令 μ 为到终结状态的最大平均时间. 这可以很容易地转换为任何行动和任何状态的奖励都是 1 的 MDP $(r(x, a) = 1,\ \forall x \in X, a \in A)$. 在所有策略都是恰当的假定下, μ 是有穷的而且是下面动态规划方程的解:

$$\mu(x) = 1 + \max_a \sum_y p(y|x, a)\mu(y).$$

于是 $\mu(x) \geqslant 1$, 而且对任何 $a \in A$, $\mu(x) \geqslant 1 + \sum_y p(y|x, a)\mu(y)$. 对于

$$\beta = \max_x \frac{\mu(x) - 1}{\mu(x)} < 1,$$

有

$$\sum_y p(y|x,a)\mu(y) \leqslant \mu(x) - 1 \leqslant \beta\mu(x).$$

从 μ 和 β 的这个定义得到在范数 $L_{\infty,\pi}$ 下的 $\mathcal{T}^*$ 的收缩性质 (类似于 $\mathcal{T}^\pi$):

$$\|\mathcal{T}^*v_1 - \mathcal{T}^*v_2\|_{\infty,\pi} = \max_x \frac{\|\mathcal{T}^*v_1(x) - \mathcal{T}^*v_2(x)\|}{\mu(x)} \leqslant \max_{x,a} \frac{\sum_y p(y|x,a)}{\mu(x)}\|v_1(y) - v_2(y)\|$$

$$\leqslant \max_{x,a} \frac{\sum_y p(y|x,a)\mu(y)}{\mu(x)}\|v_1 - v_2\|_\mu \leqslant \beta\|v_1 - v_2\|_\mu.$$

6.6　动态规划

计算价值函数需要**动态规划** (dynamic programming).

Bellman 方程

$$v^\pi(x) = r(x,\pi(x)) + \gamma \sum_y p(y|x,\pi(x))v^\pi(y)$$

是一个有 N 个未知数和 N 个线性约束的线性方程组. 最优 Bellman 方程

$$v^*(x) = \max_{a\in A}\left[r(x,a) + \gamma \sum_y p(y|x,a)v^*(y)\right]$$

是一个高度非线性方程组, 有 N 个未知数和 N 个非线性约束 (即 max 算子).

6.6.1　价值迭代

价值迭代思维

1. 令 v_0 为任意的 V 价值函数.
2. 在每次迭代 $k = 1,2,\ldots,K$ 计算 $v_{k+1} = \mathcal{T}^*v_k$.
3. 返回贪婪策略

$$\pi_K(x) \in \arg\max_{a\in A}\left[r(x,a) + \gamma \sum_y p(y|x,a)v_K(y)\right].$$

价值迭代保证

- 根据 $\mathcal{T}^*$ 的固定点性质:

$$\lim_{k\to\infty} v_k = v^*.$$

- 根据 $\mathcal{T}$ 的收缩性质:

$$\|v_{k+1} - v^*\|_\infty = \|\mathcal{T}^*v_k - \mathcal{T}v^*\|_\infty \leqslant \gamma\|v_k - v^*\|_\infty \leqslant \gamma^{k+1}\|v_0 - v^*\|_\infty \to 0.$$

- 收敛率. 令 $\epsilon > 0$ 及 $\|r\|_\infty \leqslant r_{\max}$, 那么在最多

$$K = \frac{\log(r_{\max}/\epsilon)}{\log(1/\gamma)}$$

次迭代之后

$$\|v_K - v^*\|_\infty \leqslant \epsilon.$$

使用最佳 Bellman 算子需 $O(N^2|A|)$ 次运算.

Q 迭代

1. 令 q_0 为任何 Q 函数.
2. 在每次迭代 $k = 1, 2, \ldots, K$ 计算 $q_{k+1} = \mathcal{T}^* q_k$.
3. 返回贪婪策略 $\pi_K(x) \in \arg\max_{a \in A} q(x, a)$.

异步 VI

1. 令 v_0 为任意 V 函数.
2. 在每次迭代 $k = 1, 2, \ldots, K$:
   - 选择一个状态 x_k,
   - 计算 $v_{k+1}(x_k) = \mathcal{T}^* v_k(x_k)$.
3. 返回贪婪策略 $\pi_K(x) \in \arg\max_{a \in A} \left[r(x, a) + \gamma \sum_y p(y|x, a) v_K(y) \right]$.

6.6.2 策略迭代

策略迭代思想

1. 令 π_0 为任何平稳策略.
2. 在每次迭代 $k = 1, 2, \ldots, K$:
   - 策略评估: 给定 π_k, 计算 v^{π_k}.
   - 策略改进: 计算贪婪策略

$$\pi_{k+1}(x) \in \arg\max_{a \in A} \left[r(x, a) + \gamma \sum_y p(y|x, a) v^{\pi_k}(y) \right].$$

   - 返回最后的策略 π_K.

　通常 K 是使得 $v^{\pi_k} = v^{\pi_{k+1}}$ 最小的 k.

策略迭代保证

命题 6.6 *策略迭代算法产生了一个性能非降策略序列*

$$v^{\pi_{k+1}} \geqslant v^{\pi_k},$$

而且其在有穷次迭代收敛到 π^*.

证明: 根据 Bellman 算子和贪婪策略 π_{k+1} 的定义, 有

$$v^{\pi_k} = \mathcal{T}^{\pi_k} v^{\pi_k} \leqslant \mathcal{T}^* v^{\pi_k} = \mathcal{T}^{\pi_{k+1}} v^{\pi_k}, \tag{6.6.1}$$

根据 $\mathcal{T}^{\pi_{k+1}}$ 的单调性, 得到

$$v^{\pi_k} \leqslant \mathcal{T}^{\pi_{k+1}} v^{\pi_k},$$

$$\mathcal{T}^{\pi_{k+1}} v^{\pi_k} \leqslant (\mathcal{T}^{\pi_{k+1}})^2 v^{\pi_k},$$

$$\cdots$$

$$(\mathcal{T}^{\pi_{k+1}})^{n-1} v^{\pi_k} \leqslant (\mathcal{T}^{\pi_{k+1}})^n v^{\pi_k},$$

$$\cdots$$

连接所有不等式链, 得到

$$v^{\pi_k} \leqslant \lim_{n \to \infty} (\mathcal{T}^{\pi_{k+1}})^n v^{\pi_k} = v^{\pi_{k+1}}.$$

于是 $(v^{\pi_k})_k$ 是性能非降序列.

因为有限的 MDP 允许有限的策略, 因此终止条件最终对某特定的 k 满足. 于是, 式 (6.6.1) 以等式成立并且得到

$$v^{\pi_k} = \mathcal{T}^* v^{\pi_k},$$

并且 $v^{\pi_k} = v^*$, 这意味着 π_k 是最优策略.

对于任何策略 π, 记奖励向量为 $r^{\pi}(x) = r(x, \pi(x))$, 转移矩阵为 $[P^{\pi}]_{x,y} = p(y|x, \pi(x))$.

策略评估步骤

策略评估 (policy evaluation, PE) 步骤如下:

- **直接计算**. 对任何策略 π 计算

$$v^{\pi} = (I - \gamma P^{\pi})^{-1} r^{\pi}.$$

复杂度: $O(N^3)$ (改进到 $O(N^{2.807})$).

- 迭代策略评估. 对任何策略 π,

$$\lim_{n\to\infty} \mathcal{T}^{\pi} v_0 = v^{\pi}.$$

复杂度: v^{π} 的 ϵ 近似需要 $O\left(N^2 \frac{\log(1/\epsilon)}{\log(1/\gamma)}\right)$ 步.

- 蒙特卡罗模拟. 在每个状态 x, 依照策略 π 模拟 n 个轨迹 $((x_t^i)_{t\geqslant 0},)_{1\leqslant i\leqslant n}$ 并计算

$$\hat{v}^{\pi}(x) \approx \frac{1}{n}\sum_{i=1}^{n}\sum_{t\geqslant 0}\gamma^t r(x_t^i, \pi(x_t^i)).$$

复杂度: 在每个状态, 近似误差为 $q(1/\sqrt{n})$.

策略改进步骤

- 如果用 V 评估策略, 策略改进的复杂度为 $O(N|A|)$ (计算一个期望).
- 如果用 Q 评估策略, 策略改进的复杂度为 $O(|A|)$, 相应于

$$\pi_{k+1}(x) \in \arg\max_{a\in A} q(x,a).$$

图书在版编目（CIP）数据

强化学习入门：基于 Python / 吴喜之，张敏编著
. --北京：中国人民大学出版社，2023.3
（基于 Python 的数据分析丛书）
ISBN 978 - 7 - 300 - 31381 - 8

Ⅰ.①强⋯ Ⅱ.①吴⋯ ②张⋯ Ⅲ.①机器学习 ②软件工具 - 程序设计 Ⅳ.①TP181 ②TP311.561

中国国家版本馆 CIP 数据核字（2023）第 008322 号

基于 Python 的数据分析丛书
强化学习入门——基于 Python
吴喜之　张　敏　编著
Qianghua Xuexi Rumen ——Jiyu Python

出版发行	中国人民大学出版社		
社　　址	北京中关村大街 31 号	邮政编码	100080
电　　话	010 - 62511242（总编室）	010 - 62511770（质管部）	
	010 - 82501766（邮购部）	010 - 62514148（门市部）	
	010 - 62515195（发行公司）	010 - 62515275（盗版举报）	
网　　址	http://www.crup.com.cn		
经　　销	新华书店		
印　　刷	北京七色印务有限公司		
规　　格	185 mm×260 mm　16 开本	版　　次	2023 年 3 月第 1 版
印　　张	12 插页 1	印　　次	2023 年 3 月第 1 次印刷
字　　数	296 000	定　　价	49.00 元

版权所有　侵权必究　　印装差错　负责调换

中国人民大学出版社　管理分社

教师教学服务说明

中国人民大学出版社管理分社以出版经典、高品质的工商管理、统计、市场营销、人力资源管理、运营管理、物流管理、旅游管理等领域的各层次教材为宗旨。

为了更好地为一线教师服务，近年来管理分社着力建设了一批数字化、立体化的网络教学资源。教师可以通过以下方式获得免费下载教学资源的权限：

★ 在中国人民大学出版社网站 www.crup.com.cn 进行注册，注册后进入"会员中心"，在左侧点击"我的教师认证"，填写相关信息，提交后等待审核。我们将在一个工作日内为您开通相关资源的下载权限。

★ 如您急需教学资源或需要其他帮助，请加入教师 QQ 群或在工作时间与我们联络。

中国人民大学出版社　管理分社

教师 QQ 群：648333426（仅限教师加入）

联系电话：010-82501048，62515782，62515735

电子邮箱：glcbfs@crup.com.cn

通讯地址：北京市海淀区中关村大街甲 59 号文化大厦 1501 室（100872）